Bibliografische Information der Deutschen Nationalbibliothek:

Die Deutsche Bibliothek verzeichnet diese Publikation in der Deutschen Nationalbibliografie; detaillierte bibliografische Daten sind im Internet über http://dnb.d-nb.de/ abrufbar.

Impressum:

Druck und Bindung: Books on Demand GmbH, Norderstedt Germany
ISBN: 9783668499324

Dieses Buch bei GRIN:

http://www.grin.com/de/e-book/371287/die-position-brasiliens-in-den-internationalen-klimaverhandlungen

Katherine Castrucci

Die Position Brasiliens in den internationalen Klimaverhandlungen

Die Entwicklung der brasilianischen Klimapolitik

GRIN Verlag

Bachelorarbeit

Klimapolitik Brasiliens – Die Position Brasiliens in den Klimaverhandlungen von Kopenhagen nach Paris

Julius-Maximilians-Universität Würzburg
Fakultät für Humanwissenschaften
Institut für Politikwissenschaft und Soziologie

vorgelegt von
Katherine Castrucci

Inhaltsverzeichnis

Abkürzungsverzeichnis

AOSIS	Alliance of Small Island States
BASIC	Brasilien, Südafrika, Indien, China
BRICS	Brasilien, Russland, Indien, China, Südafrika
CDM	Clean Development Mechanism
CIM	Comitê Interministerial sobre Mudança do Clima
CIMGC	Comissão Interministerial de Mudança Global do Clima
COP	Conference of the Parties
CNMA	Conferência Nacional do Meio Ambiente
DNA	Designated National Authority
EPE	Empresa de Pesquisa Energética
FBMC	Fórum Brasileiro de Mudança de Clima
GEx	Grupo Exekutivo
IBAMA	Instituto Brasileiro do Meio Ambiente e dos Recursos Naturais Renováveis
INDC	Intended Nationally Determined Contributions
IPCC	Intergovernmental Panel of Climate Change
LCD	Least Developed Countries
MAPA	Ministério da Agricultura, Pecuária e Abastecimento
MCTI	Ministério da Ciência, Tecnologia e Inovação
MMA	Ministério do Meio Ambiente
MME	Ministério de Minas de Energia
MRE	Ministério das Relações Exteriores
PEC	Proposta de Emenda a Constituição
PNMC	Plano Nacional de Mudanças Climáticas
REDD	Reducing Emissions from Deforestation and Forest Degradation
SEMA	Secretaria Especial de Meio Ambiente
UN	United Nations
UNEP	United Nations Environment Programme
UNFCCC	United Nations Framework Convention on Climate Change
WMO	World Meteorological Organization

1. Einleitung

Das 21. Jahrhundert ist geprägt von den ersten Anzeichen deseinsetzenden Klimawandels. Die Menschheit wird bereits heute dadurch beeinträchtigt und auch auf zukünftige Entwicklungen wird der Klimawandel großen Einfluss haben. Deswegen war die Entscheidungsgewalt der Politik für die Lösung des Klimawandels notwendig. Deshalb wurde der Intergovernmental Panel of Climate Change (IPCC) im Jahr 1988 vom Umweltprogramm der Vereinten Nationen (UNEP) und der Weltorganisation für Meteorologie (WMO) gegründet. Das Ziel des IPCC war es die Verantwortung von Politik und Wirtschaft in Bezug auf den Klimawandel zu fördern und die Ursachen des Klimawandels, ihre Folgen sowie Minderungs- und Anpassungsstrategien zusammenzutragen (Deutsche Gesellschaft für die Vereinten Nationen 2013: 14). Die Berichte des IPCC beinhalten hohe wissenschaftliche und technischen Erkenntnisse und Prognosen der weltweiten Klimaforschung mit Kommentaren von WissenschaftlerInnen sowie eine Zusammenfassung für politische EntscheidungsträgerInnen. Dabei arbeiten die „(b)rasilianischen Wissenschaftler (…) in den Arbeitsgruppen des IPCC seit Anfang an mit“ und sind seitdem an der globalen Diskussion zum Klimawandel beteiligt (Hermanns 2007: 1). Der erste Bericht des IPCC wurde 1990 erstellt und es beinhaltete, dass die Temperatur auf der Erde im Laufe der Zeit gestiegen ist und tendenziell weiter steigt. Damit wies bereits dieser Bericht die Notwendigkeit eines Forums für die internationale Gemeinschaft auf, indem Diskussionen über den Klimawandel stattfinden und Maßnahmen zur Verhinderung des Klimawandels ausgearbeitet werden. Dieser Bericht diente als Basis für die Klimarahmenkonvention der Vereinten Nationen (United Nations Framework Convention on Climate Change – UNFCCC) sowie als Anlass zur Vertragsstaatenkonferenz (Conference of the Parties - COP). Brasilien ist das erste Schwellenland, das den UNFCCC im Jahr 1992 bei der Rio-Konferenz unterzeichnet hat und damit ist Brasilien ein sehr „active and engaged partner in international climate change negociations.“ (Olsso et al. 2010: 37). Der Hauptgrund für die Partizipation Brasiliens in den internationalen Klimaverhandlungen ist, dass Brasilien nach größerem Einfluss in der internationalen Politik strebt. Infolgedessen befasst sich Brasilien bei seinen außenpolitischen Aktivitäten vor allem mit den Themenfeldern Klima, Umwelt und Energie (Fischer-Bollin 2010a: 22).

Die brasilianische Klimapolitik gehört zu ihrer diplomatischen Strategie mit der internationalen Gemeinschaft und ist sehr relevant für das Land vor allem für seine Ökonomie in dem Energiesektor, da Brasilien „(i)m Zukunftsfeld der globalen Energieressourcen (...) durch Wasserkraft, Bioethanol aus Zuckerrohr und den neu entdeckten Ölfelder vor der Atlantikküste bestens aufgestellt" ist (Fischer-Bollin 2010a: 19). Dennoch verfügt Brasilien über eine außergewöhnliche biologische Vielfalt und beheimatet zahlreiche Ökoregionen sowie das tropische Waldgebiet Amazonas, der größte Regenwald der Welt, welcher international als ‚Lunge der Welt' bezeichnet wird. Allerdings existiert in Brasilien kein spezifisches Bundesorgan, was die Regulierung und die Ausführung der Klimapolitik des Landes durchsetzt. Aufgrund dessen wurde das Umweltministerium (MMA) 1992 gegründet, um die Umweltpolitik auf Bundesebene zu organisieren. Außerdem sind in Brasilien in den letzten Jahren durch die Zusammenarbeit verschiedener klimapolitischer Institutionen mehrere Maßnahmen gestartet worden, um die Ursachen des Klimawandels anzugehen. Seit der UN-Klimaverhandlung in Kopenhagen im Jahr 2009 hat sich Brasilien durch verschiedene Allianzen vor allem mit anderen Entwicklungs- und Schwellenländern, wie beispielsweise der BASIC-Gruppe und der G77 eine starke Verhandlungsmacht in der internationalen Klimapolitik aufgebaut (Fischer-Bollin 2010a: 28f.). Auf Grund der großen Relevanz Brasiliens in der internationalen Klimapolitik, ist das das Ziel dieser Bachelorarbeit die brasilianische Klimapolitik zu analysieren und die Position Brasiliens in den internationalen Klimaverhandlungen von Kopenhagen bis Paris zu untersuchen. Außerdem soll der Frage nachgegangen werden, inwieweit Brasilien durch seine politischen Strategien zu einem wichtigen Akteur in der internationalen Klimapolitik geworden ist. Um diese Fragen zu beantworten, wird zuerst zum Einstieg gezeigt, wie sich aus verschiedenen internationalen Umweltkonferenzen die COPs entwickelt haben sowie die Involvierung Brasiliens in diesen Prozess. Im zweiten Teil wird gezeigt, inwieweit die Position der BASIC-Gruppe (Brasilien, Südafrika, Indien und China) die Klimaverhandlungen von der COP 15 bis COP 20 beeinflusst hat sowie die Ergebnisse der COP 15 und die Rolle Brasiliens. Im Hauptteil der Arbeit soll dann die Entwicklung der brasilianischen Klimapolitik, ihre Hauptakteure und die daraus beschlossene nationale Klimastrategie analysiert werden. Nachfolgend wird durch das gesammelte Wissen die Position Brasiliens bei den Pariser Klimaverhandlung in 2015 untersucht.

2. Überblick über die Entwicklung der internationalen Klimapolitik

Die internationale Klimapolitik hat im Laufe der Jahre durch verschiedene Klimakonferenzen stark an Bedeutung gewonnen. Die Klimapolitik ist heute ein wichtiges globale Politikfeld und das Thema des Klima- und Umweltschutzes steht durch die klimapolitische Agenda der UN auf der internationale Ebene im Mittelpunkt. Der heutige Stand der internationalen Klimapolitik ist das Ergebnis eines langjährigen und langwierigen Prozesses, in dem auch Brasilien beteiligt ist. Daher werden zunächst die wichtigsten Etappen sowie die Involvierung Brasiliens in diese Prozesse kurz dargestellt.

2.1. Die erste Weltklimakonferenz

Die erste UN-Weltklimakonferenz fand vom 5.bis 16. Juni 1972 in Stockholm statt und legte damit die Grundlagen für eine globale Umweltpolitik. Außerdem wurde im gleichen Jahr durch die UN-Vollversammlung das UN-Umweltprogramm (UNEP) gegründet (Deutsche Gesellschaft für die Vereinten Nationen 2012: 3f.). In dieser Konferenz wurde erstmals über das Thema Umwelt sowie die Folgen des Klimawandels und die Verantwortung der Industriestaaten für den Umweltschutz diskutiert und gilt damit „als der Start der internationalen Umweltpolitik“ (Nöbauer 2016: 37). An der ersten UN-Weltklimakonferenz nahmen mehr als 1.200 Vertreter aus 112 Staaten teil. In der Deklaration von Stockholm bekannten sich die Staaten erstmalig zu einer grenzüberschreitenden Zusammenarbeit im Umweltschutz. Demzufolge hat „(j)eder Staat zwar das Recht auf Ausbeutung der eigenen Ressourcen aber auch die Pflicht, dafür zu sorgen, dass durch die Tätigkeiten innerhalb des eigenen Hoheitsgebietes anderen Staaten kein Schaden zugefügt wird.“ (Nöbauer 2016: 37)

2.2. Rio-92

20 Jahre nach der ersten UN-Weltklimakonferenz in Stockholm, beriefen die UN im Jahr 1992 eine globale Umwelt-Konferenz in Rio de Janeiro ein. In dieser Konferenz trafen sich 178 Staaten der Weltgemeinschaft sich zum ersten Gipfel für Umwelt und Entwicklung und damit war ein Meilenstein in der internationalen Klimapolitik gesetzt. Diese

Konferenz hat grundlegende Prinzipien gesetzt wie beispielsweise die „common but differentiated responsibilities and respective capalitites of developed and developing countries, the need for a precautionary approach, the right to sustainable development and the promotion of supportive, open economic system.“ (Asselt 2014: 17). Das Prinzip ‚common but differentiated responsibilities and respective capalitites of developed and developing countries‘ impliziert, dass alle Staaten Verantwortung für die globalen Probleme wie beispielsweise den Klimawandel tragen. Allerdings müssen die Industriestaaten „bei der Bekämpfung der Klimaänderungen und ihrer nachteiligen Auswirkungen die Führung übernehmen.“ (UNFCCCa, Art. 3.1). Dies liegt die Jahrzehnten Entwicklung der Industriestaaten zugrunde. In Rio wurden zwei wichtige Abkommen beschlossen, nämlich das Rahmenprogramm zur Klimaveränderung (Agenda 21) und die Konvention zur biologischen Vielfalt. Die Agenda 21 ist ein entwicklungs- und umweltpolitisches Aktionsprogramm mit Handlungsempfehlungen für das 21. Jahrhundert. Das Ziel der Konvention zur biologischen Vielfalt war einen verbesserten Lebensstandard für alle Länder sowie ein besser geschütztes Ökosystem zu gewährleisten. Die Klimarahmenkonvention wurde am 3. Februar 1994 vom brasilianischen Nationalkongress ratifiziert und im Laufe der Jahre wurde verschiedene klimapolitische Institutionen in Brasilien gegründet und somit war Brasilien an der internationalen Klimadebatte beteiligt (Hermanns 2007: 47f.). Die Vertragsstaaten vereinbarten in Rio, sich jährlich bei sogenannten Conference of the Parties, auch als „COPs“ bezeichnet zu treffen, um möglichst schnell die Konventionen umzusetzen. Allerdings verpflichteten sich die Staaten nicht, das angestrebte klimapolitische Ziel der Rio-Konvention, die CO2-Emission bis zum Ende des Jahrzehnts auf das Niveau von 1990 zu senken. Die Konkretisierung der Ziele sollte durch die nachfolgenden Vertragsstaatenkonferenzen ausgearbeitet werden. Allerdings wurde auf den nächsten Vertragsstaatenkonferenzen nicht viel erreicht. Erst bei der dritten Vertragsstaatenkonferenz gab es Veränderungen in der internationalen Klimapolitik und zwar durch das Kyoto Protokoll.

2.3. Kyoto Protokoll

Nach der Konferenz in Rio erkannten die Länder, dass eine freiwillige Selbstverpflichtung zur Reduzierung der Treibhausgase nicht ausreicht und eine rechtlich verbindliches

Instrument notwendig war (Asselt 2014: 19). Auf die erste UN-Klimakonferenz, der sogenannten COP 1, die vom 28. März bis 7. April 1995 in Berlin stattfand, wurden Verhandlungen bezüglich bindender Emissionsziele für die Annex I-Länder initiiert (Asselt 2014: 19). Schließlich wurde auf der 3. Vertragsstaatenkonferenz in Kyoto im Jahr 1997 infolgedessen das Kyoto-Protokoll verabschiedet. Im Kyoto Protokoll wurde das erste völkerrechtlich verbindliche Klimaschutzabkommen über Emissionsziele festgelegt und außerdem enthielt es die Reduzierungsverpflichtungen von Treibhausgasen für die Länder, die in der UNFCC in Annex I aufgelistet sind. Die ‚Annex I‘ Länder werden als Industrieländer definiert und die ‚Non-Annex I‘ Länder sind meist die Entwicklungsländer (Asselt 2014: 19f.). Durch dieses Abkommen wurden die Industrieländer dazu verpflichtet ihren Ausstoß an Treibhausgasen zwischen 2008 und 2012 (der erste Verpflichtungszeitraum) um insgesamt 5,2 Prozent unter das Niveau von 1990 abzusenken (Asselt 2014: 19). Brasilien gehört zu den ‚Non-Annex-I‘ Länder und war damit als Schwellenland nicht zur Reduktion der CO2-Emissionen verpflichtet. Allerdings hat Brasilien in der COP 3 „der Staatengemeinschaft den Vorschlag einen Clean Development Fund“ präsentiert und zeigte damit Interesse für den Klimaschutz (Wittger 2009: 15). Diese Mechanismus sollte zur Bestrafung für die Industriestaaten dienen, wenn sie die Emissionsreduktionen nicht erfüllen sowie auch als Mittel für die Erfüllung von Investitionen der Industriestaaten in Entwicklungsländern. Durch bilaterale Verhandlungen zwischen den USA und Brasilien wurde das Konzept des Clean Development Fund zum Clean Development Mechanism umgewandelt und als Artikel 12 in das Kyoto-Protokoll festgelegt (Wittger 2009: 15). Das Kyoto Protokoll konnte nur in Kraft treten, wenn mindestens 55 Staaten der Klimarahmenkonvention, die zusammen mindestens 55 Prozent der gesamten CO^2-Emissionen der Industrieländer aus dem Jahr 1990 verursachten, das Protokoll ratifizieren. Insgesamt „haben 191 Staaten das Kyoto Protokoll ratifiziert, darunter alle EU-Mitgliedstaaten sowie wichtige Entwicklungsländer wie Brasilien, China, Indien und Südafrika.“ (BMU 2015). Sie haben das Abkommen ebenfalls unterzeichnet, waren aber von den Verpflichtungen befreit. Das Kyoto Protokoll trat erst im Februar 2005 durch die Ratifizierung Russlands in Kraft. Im Kyoto Protokoll gab es drei Mechanismen, die die Staaten zur Zielerreichung der vereinbarten Emissionsreduktionsziele verhelfen sollten: 1. der weltweite Handel mit Treibhausgas-Emissionsrechten (Emissions Trading), 2. das Umsetzen von Maßnahmen in Entwicklungsländern (Clean Development Mechanism), hier können die Industriestaaten in Entwicklungsländer, die nicht zur Reduktion der CO2 verpflichtet sind, die sauberen Technologien und damit die nachhaltige Entwicklung vorantreiben und dadurch Emissionsguthaben erwerben und 3. die projektbezogene Kooperationen mit anderen Industrieländer zur Emissionsreduzierung (Joint Implementation) (UNFCCC 2011). Dementsprechend haben die Industrieländer durch diese Instrumente die Möglichkeit ihren Reduzierungsverpflichtungen möglichst schnell nachzukommen. Während der ersten Verpflichtungsperiode des Protokolls wurde ein Nachfolgeprotokoll verhandelt, damit nach dem Auslaufen des Kyoto Protokolls ein neues Klimaschutzprogramm in Kraft treten konnte. Infolgedessen wurde an der COP 13 in Bali der ‚Bali Action Plan' festgelegt. „Auf der Vertragsstaatenkonferenz in Indonesien im Jahr 2007 einigte man sich im Rahmen des Bali-Aktionsplans darauf, die erste Hürde zu einem umfassenden Klimaschutzabkommen bis Ende 2009 zu nehmen." (Lederer 2010: 25). Das Ziel dieser Konferenz war zu einem die zweite Verpflichtungsperiode des Kyoto Protokolls zu verhandeln und zu anderem ein neues Abkommen zu erzielen, indem sich auch die großen Schwellenländer wie Brasilien, China, Indien und Südafrika zu Emissionsminderungen verpflichten (Lederer 2010: 25). Diese Verhandlungen sollten in der nachfolgenden Vertragsstaatenkonferenzen in Kopenhagen ausgearbeitet werden.

3. Der Einfluss der BASIC in den Klimaverhandlungen

Im vorigen Kapitel wurde die Entstehung der internationalen Klimapolitik aufgezeigt sowie dargestellt, wie sich aus verschiedenen internationalen Klimakonferenzen die COPs entwickelt haben und wie sich Brasilien in diesem Prozess beteiligte. In diesem Kapitel soll die geopolitische Allianz der BASIC-Staaten sowie ihre Rolle in den Klimaverhandlungen von der COP 15 bis zur COP 20 untersucht werden. Zunächst wird die Gründung der BASIC-Gruppe sowie die Resultate der Klimaverhandlung von COP 15 erläutert und erklärt, welche Rolle Brasilien dabei spielte. Danach wird die Partizipation der BASIC an ausgewählten Klimaverhandlungen analysiert und die Frage beantwortet, inwieweit die BASIC-Staaten die Klimaverhandlungen beeinflusst haben.

3.1. Die Gründung der BASIC

Die sogenannten BASIC-Staaten sind eine Gruppe von vier großen Schwellenländern (Brasilien, Südafrika, Indien und China). Diese Allianz wurde auf Grund einer Initiative von China im Rahmen der Klimaverhandlung der Vereinten Nationen im November 2009 am Vorabend der COP-15 im Hinblick auf die bevorstehenden Verhandlungen gegründet. Die BASIC-Staaten waren bereits durch die G-77/China miteinander verbunden. Die G-77 wurde im Jahr 1964 gegründet, mit dem Ziel, die Süd-Süd-Kooperation zu stärken und die Positionen der Entwicklungsländer auf dem Weltmarkt zu verbessern. Allerdings herrschte innerhalb der G-77 große Unzufriedenheit zwischen den Staaten, da die Entscheidungsprozesse sehr schwerfällig waren. Daher wurde die BASIC gegründet, was aber auch Ausdruck des Machbewusstseins der großen Schwellenländer war (Müller-Kraenner 2011: 1). Allerdings herrscht in dieser Allianz keine Homogenität, da jedes Land seine eigenen Anforderungen und Interessen im Bezug auf die Fragen der Klima- und Energiepolitik hat. Auf der anderen Seite erkennen diese Staaten ihr Machtpotenzial als große Schwellenländer, da die „BASIC countries (…) roughly 40 per cent oft the world`s population" darstellen (Olsson et al. 2010: 31). Dennoch gehören diese Staaten zu den BRICS (Brasilien, Russland, Indien, China und Südafrika) und sie gelten als zukünftige Wirtschaftsmächte. Obwohl Russland auch zu den BRICS gehört, wurde es von der BASIC Klimaverhandlung ausgeschlossen. Dies lässt sich durch seine Historie der Industrialisierung erklären. Zum einen gehörte Russland zu den ‚Annex I-Staaten' unter den UNFCCC, die in der Klimarahmenkonvention von 1992 in Rio aufgelistet wurden. Ein weiterer Grund waren die Interessenunterschiede zwischen den BASIC-Staaten und Russland. Denn Russland war zuerst gegen das Kyoto Protokoll und hat es daher erst im Jahr 2004 ratifiziert. Außerdem lehnte Russland in Kopenhagen die zweite Verpflichtungsperiode des Kyoto Protokolls ab, während die BASIC-Staaten diese stark unterstützten (Bidwai 2014: 5f.). Laut Hochstetler werden die gemeinsamen Interessen der BASIC als Schwellenländer als ‚family ressemblace' betrachtet.

> *„The four countries of the BASIC coalition illustrate that the concept of ‚emerging power is a ‚family resemblance' comparative category. That is, they share a set of material features that are commonly analytically associated with being an emerging power, but each has a somewhat different set of the attributes." (Hochstetler 2012: 56).*

Gemeinsam profitieren die BASIC Staaten durch ihr hohes Wachstumspotenzial sowie hohe wirtschaftliche Zuwachsraten im internationalen Vergleich. Allerdings sind die Treibhausgasemissionen in diesen Ländern durch ihre wirtschaftlichen Zuwachsraten rasant gestiegen. Heute gehört Brasilien zusammen mit China und Indien zu einem der größten Emittenten von Treibhausgasen. Zusammen betragen die Treibhausgasemissionen der BASIC Staaten insgesamt 60 Prozent der gesamten jährlichen Emissionen der ‚Non-Annex I-Länder' und fast 29 Prozent der gesamten weltweiten Emissionen, von denen allein China 17 Prozent ausmacht (Olsson et al. 2010: 32). Daher werden die BASIC Staaten durch ihre hohen Wachstumsraten als Regionalmächte betrachtet. Aber auch in Klimafragen haben die Staaten gemeinsame Interessen und treten deshalb gemeinsam in die Klimaverhandlungen.

3.2. Die Resultate der COP 15

Die UN-Klimakonferenz in Kopenhagen fand vom 7. bis zum 18. Dezember 2009 statt und war die 15. Konferenz der Vertragsparteien der UN-Klimarahmenkonvention, die sogenannte COP 15. Das Ziel dieser Konferenz war ein nachfolgende Klimaabkommen des Kyoto Protokolls zu verabschieden und damit neue verbindliche Regeln für den globalen Klimaschutz nach der ersten Verpflichtungsperiode (2008-2012) zu erreichen. Mit 115 teilnehmenden Staats- und Regierungschefs sowie weiteren 40.000 Teilnehmern, d.h. „representing governments, nongovernmental organizations, intergovernmental organizations, faith-based organizations, media and UN agencies applied for accreditation" zählte diese Konferenz zu den größten Versammlung unter der UNFCCC (UNFCCCb). Dabei stellte diese Konferenz einen neuen Meilenstein in der internationalen Klimapolitik dar. Das neue Abkommen sollte „ein langfristiges, globales Ziel zur Minderung von Emissionen, verifizierbare und miteinander vergleichbare Minderungsziele von Industriestaaten, Minderungsmaßnahmen von Entwicklungsländern sowie die technische und finanzielle Unterstützung von Entwicklungsländern bei der Senkung von Emissionen" beinhalten (Bundeszentrale für politische Bildung). Damit sollte in das nachfolgende Abkommen auch die Pflicht der Schwellen- und Entwicklungsländern zur Reduzierung der Treibhausgase einbezogen werden. Die Industriestaaten glaubten, dass die Schwellenländern für den Klimawandel mitverantwortlich sind und forderten deshalb für die Schwellen- und Entwicklungsländer ebenfalls verbindliche Reduktionsziele. Allerdings eskalierte während der Verhandlungen der Konflikt zwischen den Entwicklungsländern und den Industrieländern. Die Entwicklungsländern vor allem China argumentierten, dass die Industriestaaten, insbesondere die USA, ihre historische Verantwortung für den Klimawandel nicht übernehmen wollten und sie ihre Emissionen erst dann reduzieren würden, wenn die Industrieländer konkrete Reduktionsziele ansetzen würden. Deswegen befanden sich China und die USA in der ersten Wochen der Verhandlungen in einer negativen klimapolitischen ‚balance of power' (Never 2012: 3). Infolgedessen konnten die Verhandlungen in Konpenhagen nur erfolgreich sein, wenn die Industriestaaten sich zu allererst auf langfristige Reduktionsziele verständigen würden. Deswegen war für den Erfolg in der Klimaverhandlung in Kopenhagen, „einen Ausweg aus dieser Sackgasse" notwendig (Dröge/Geden 2010: 2). Schließlich wurde am letzten Tag der UN-Klimakonferenz „nachdem sich die USA zur Beratung mit der BASIC-Gruppe (…) zurückgezogen hatten", die Kopenhagen-Vereinbarung festgelegt (Dröge/Geden 2010: 2).

3.2.1. Die BASIC in der COP 15

Die 15. Konferenz der Vertragsparteien der UN-Klimarahmenkonvention im Jahr 2009 war für die internationale Politik durch die multilaterale Klimapolitik zwischen den Schwellenländern von großer Bedeutung. Einerseits hat die COP 15 ihr Hauptziel, nämlich ein neues Klimaabkommen verbindlich zu verabschieden, nicht erreicht. Anderseits wurde durch die Verhandlung zwischen den BASIC und den USA die Kopenhagen Vereinbarung (Copenhagen Accord) festgelegt. Besonders zu erwähnen ist die Bedeutung von China und den USA in der Klimaverhandlung, da sie zusammen zu den größten Emittenten der weltweit Treibhausgasen gehören. Allerdings haben die beiden Staaten in Bezug auf ihre Verantwortung für den Klimawandel unterschiedliche Meinungen. Während dem Verlauf der Verhandlungen wurde deutlich, dass „keiner der wichtigen Spieler bereit war, größere Zugeständnisse zu machen." (Lederer 2010: 26). Erst am vorletzten Tag der Verhandlungen änderte sich etwas, da die Erarbeitung ein neues Abkommen zwischen Obama und den BASIC-Repräsentanten verhandelt wurde. Durch die Verhandlungen zwischen Obama und den BASIC wurde ein neues Abkommen bzw. ein Akkord verhandelt, „dass keine Rücksicht auf die äußerst technischen und fein austarierten Ergebnisse der bisherigen Verhandlungsstränge nahm.“ (Lederer 2010: 26) Infolgedessen wurde die Kopenhagener Vereinbarung festgelegt und dies wurde am letzten Tag der UN-Klimakonferenz in einer erweiterten Gruppe von 25 Staats- und Regierungschefs abgestimmt. Das Besondere an dieser Vereinbarung ist die Zustimmung der Länder, wie den USA, allen EU-Staaten, der Schweiz, China und Indien. Die Inhalte der Vereinbarung waren Themen wie Mitigation, Adaption, Finanzierung, Technologieübertragung und Kapazitätsbildung (UNFCCC 2009). Ziel der Mitigationsmaßnahmen war, den globalen Temperaturanstieg auf 2 Grad Celsius zu begrenzen. Außerdem verpflichten sich die Industriestaaten ihre Reduktionsziele bis zum Jahr 2020 zu übernehmen. Unter den Punkten Adaptation und Finanzierung bekannten sich die Industriestaaten dazu, finanzielle Ressourcen für Anpassungsmaßnahmen gegen den Klimawandel, wie beispielsweise die Anpassung von Bewässerungssystemen in der Landwirtschaft sowie Anpassungsstrategien für den Schutz der Ökosysteme, in Entwicklungsländern zur Verfügung zu stellen (Lederer 2010: 27). Die Investitionen sollten sich zwischen 2009 und 2012 auf insgesamt 30 Milliarden US Dollar belaufen. Aber die Industriestaaten gingen sogar noch weiter und erklärten sich bereit, bis 2020 jährlich 100 Milliarden US Dollar für Klimaschutzmaßnahmen in Entwicklungsländern zur Verfügung zu stellen. Dafür sollte ein neuer Fonds (Green Climate Fund) gegründet werden, über den ein Teil der Transferzahlungen erfolgen sollte (Lederer 2010: 27). Die Technologieübertragung und die Kapazitätsbildung umfassten Investitionen der Industriestaaten in Technologien und den Kapazitätsaufbau für Klimaschutzmaßnahmen, wie beispielsweise zum Schutz der tropischen Regenwälder. Jährlich werden große Waldflächen weltweit abgeholzt und deswegen wurde ein ‚REDD+Mechanismus‘ von der internationalen Gemeinschaft entwickelt. Die Idee des REDD+ ist, dass die Entwicklungsländer für die nachweislich Reduzierung der Entwaldung und damit die Emissionen finanziell belohnt werden. Damit sind die Entwicklungsländer gewissermaßen aufgefordert, ihre Waldbewirtschaftung nachhaltiger zu gestalten (BMZ 2015: 11). Infolgedessen stellte die Kopenhagener Vereinbarung „mit diesem drei Punkten (…) eine wichtige politische Ausgangbasis für das Weiterverhandeln auf VN-Ebene und spiegelt den Stand der Konsensbildung.“ (Dröge / Geden 2010: 2). Die zentrale Rolle der BASIC in der COP 15 zeigte sich schließlich in ihrer Rolle in den letzten Tagen der Verhandlung bei der Aushandlung der Kompenhager Vereinbarung mit den USA. In den ersten Wochen der Verhandlung wollten die Industrieländern, vor allem die USA, keine Verantwortung für den Klimawandel übernehmen. Nach dem Treffen des Präsident Obama am vorletzten Tag der Verhandlungen mit den BASIC-Staaten, mit dem Versuch einen Kompromiss zu verhandeln, wurde letztendlich die Vereinbarung festgelegt. Sie ist zwar kein rechtlich verbindliches Dokument, aber es stellte eine kleine Hoffnung durch die Einbeziehung der Industrie- und Entwicklungsländern für weitere Klimaverhandlungen dar. Dadurch gewannen die BASIC-Staaten bei der internationalen Klimaverhandlung zunehmend an Bedeutung.

3.2.2. Brasiliens Rolle in Kopenhagen

Brasilien war das einzige Land innerhalb der BASIC bei der COP 15, das mehr Anstrengungen zur CO2-Reduktion aufgebracht hat. Das liegt daran, dass Brasilien seine Verantwortung für den Klimawandel durch die Abholzung des Regenwaldes bewusst war und somit wollte „Brasilien (…) seiner Verantwortung durch selbstgesetzte Reduktionsziele und bei der Vermeidung der Tropenwaldrodung gerecht werden." (Fischer-Bollin 2010b: 11). Infolgedessen verkündete Dilma Roussef weniger Tage vor Beginn der Verhandlungen in Kopenhagen die neuen Klimaziele Brasiliens (Fischer-Bollin 2010b: 26). Zudem verpflichtete sich Brasilien selbst die Treibhausgas-Emissionen bis 2020 um 36,1 bis 38,9 Prozent zu reduzieren. Dazu zählt zum einen die Reduzierung der Waldabholzung bis 2020 um 80 Prozent. Zum anderen sind Reduktionsmaßnahmen in den Bereichen Landwirtschaft, Energie und Metallverarbeitung vorgesehen. Brasilien verfügt im Vergleich zu den anderen BASIC-Staaten sowie den anderen Entwicklungsländern über einen hohen Anteil an erneuerbaren Energien vor allem aus Wasserkraft und Bioethanol (Olsson et al. 2010: 40f.). Allerdings ist die Verantwortung der Industriestaaten für den Klimawandel vor allem durch die finanzielle Unterstützung für die Anpassung der Entwicklungsländer an den Klimawandel sowie für die Erreichung der Klimaziele Brasiliens ein entscheidender Faktor. „Gerade auf Grund der negativen Folgen des Klimawandels für die ärmsten Länder der Welt, ist diese Unterstützung unabdingbar. Schon sind die immensen Schäden für die Menschen und die wirtschaftliche Entwicklung, nicht zuletzt durch Naturkatastrophen, unübersehbar." (Fischer-Bollin 2010b: 11). Durch Brasiliens

Selbstverpflichtung für den Klimaschutz und die engagierte Klimaschutzpolitik baute sich das Land eine stärkere Position innerhalb der BASIC auf und sieht sich als Sprecher der BASIC und anderer Entwicklungsländer, um ein neues Abkommen zu vereinbaren. Dementsprechend war Brasilien der Vermittler zwischen den Akteuren in den Verhandlungen (Fischer-Bollin 2010b: 11). Zusammenfassend lässt sich die Position Brasiliens in Kopenhagen folgendermaßen beschreiben:

- *Brasilien leistet freiwillige und umfangreiche eigene Beiträge zur Reduktion der Emissionen, kann sich somit als Vermittler zwischen den Akteuren anbieten,*
- *Brasilien lässt sich nicht durch international verpflichtende Abkommen in seine souveränen Entscheidungen hineinreden (Emissionen, Regenwald)" (Fischer-Bollin 2010b: 11)*

Brasilien spielte damit eine besondere Rolle in den Verhandlungen bei der COP 15. Vor allem durch das wachsende Bewusstsein für den Umwelt- und Klimaschutz und sowie durch ihre starke Position innerhalb der BASIC. Durch die freiwillige Selbstverpflichtung zur Reduzierung der Treibhausgasemissionen sowie die Klimaschutzziele, machte Brasilien wichtige Schritte, um die ökonomische Entwicklung an die ökologische Notwendigkeit anzupassen. Folglich stellte der Einsatz für den Klimaschutz eine wichtige Basis für zukünftige Klimaverhandlungen dar.

3.3. Die BASIC von der COP 16 bis zur COP 20

Seit den Klimaverhandlungen in Kopenhagen 2009 sind die BASIC sehr aktiv in den internationalen Klimadiskussionen. Auf der 16. UN-Klimakonferenz in Cancún 2010 wurde über die Verlängerung der Kyoto-Verpflichtungen sowie die Einbindung der Schwellenländer in einen neuen globalen Vertrag verhandelt. Allerdings konnten die Staaten keine Entscheidung treffen, stattdessen war „es nun gelungen, den Fahrplan für ein neues Klimaabkommen festzulegen." (Dröge 2012: 2). Darüber hinaus sollten sich die Entwicklungs-, Schwellen- und Industrieländern innerhalb von vier Jahren auf einen umfassenden Vertragstext einigen. Laut Hochstetler und Milkoreit waren die Klimaverhandlungen in Kopenhagen und Cancún „the arrival of BASIC as group and turned out to be a high point of their coordination." (Hochstetler/Milkoreit 2014: 227) In Kopenhagen agieren die BASIC erstmalig gemeinsam und bauten seitdem zusammen strategische

Verhandlungen mit den anderen Staaten auf. Dies zeigte eine neue Dimension der internationalen Klimapolitik durch den Aufstieg der Schwellenländer in der globalen Klimapolitik.

> *„First, and most importantly, the group established a new constitutive norm for emerging powers in the climate regime: they make voluntary mitigation commitments, taking responsibility for climate stability but in a manner distinct from developed countries. A second norm concerns the initiation of quarterly meetings of BASIC ministers that result in Joint Statements summarizing their position on the climate negotiations." (Hochstetler/Milkoreit 2014: 228)*

In der COP 16 wurde das Paket von Cancún verabschiedet, indem die Vereinbarungen von Kopenhagen formalisiert und weiterentwickelt wurden. Zudem wurde der ‚Green Climate Fund' (GCF) gegründet. Er diente dazu Transferzahlungen für die geplante Unterstützung durch Industrieländern für Projekte zur Minderung von Treibhausgasemissionen sowie zur Anpassung an den Klimawandel in Entwicklungsländern durchzuführen. Außerdem wurde offiziell das Ziel die Klimaerwärmung auf 2 Grad im Vergleich zum vorindustriellen Niveau zu begrenzen von den Staaten anerkannt. Weiterhin wurde der REDD+Mechanismus weiterentwickelt und erhielt damit eine neue Struktur, neue Richtlinien, Sicherheitsklauseln sowie wichtige Durchführungsbestimmungen für die Gewährleistung des Schutzes der weltweiten Regenwälder (Malerba 2011: 9f.). Dennoch wurde in Cancún festgelegt, dass die Industrie- und Schwellenländer freiwillig nationale Beiträge zur Emissionsminderung leisten sollen. Brasilien hat seine Ziele zur Emissionsminderung bereits in der COP 15 angekündigt und nun wurden diese Ziele in der COP 16 in absoluten Zahlen konkretisiert (Malerba 2011: 9). Außerdem „kündigte die Regierung ein Dekret an, das sich auf die Regelung des Gesetztes bezog, das die bereits in Kopenhagen angekündigte nationale Politik zum Klimawandel festschrieb und das auf fünf sektoralen Plänen basierte." (Malerba 2011: 9). Die fünf angekündigten sektoralen Pläne sind folgende:

- *„Aktionsplan zur rechtlichen Prävention und Kontrolle der Entwaldung*
- *Aktionsplan Brasilianische Savannen (Cerrado) zur Prävention und Kontrolle der Entwaldung*
- *Sektorale Pläne für die Landwirtschaft und Viehzucht*
- *Sektorale Plan zur Substitution von Kohle aus Entwaldung durch Kohle aus angepflanzten Wäldern im Hinblick auf ihren Einsatz in Stahlwerken" (Malerba 2011: 9)*

Brasilien erzielte bei der Umsetzung seiner Klimapolitik in einzelnen Sektoren bereits einige Fortschritte bei der Bekämpfung des Klimawandels, wie beispielsweise der Rückgang der Abholzung im Amazonas-Gebiet, der „ zu diesem Zeitpunkt der geringste seit 21 Jahren war." (Malerba 2011: 9). Mit der Selbstverpflichtung zu nationalen Gesetzen für die Umwelt und zahlreiche Klimaschutzzielen hat sich die Rolle Brasiliens im internationalen Klimaschutz verstärkt. Weiterhin war Brasilien das erste Land innerhalb der BASIC, das seine nationalen Klimaziele zur Reduzierung der Emissionen formalisiert hat. Durch das Cancun Agreement konnte die politische Einigung von Kopenhagen formalisiert werden und bildete damit eine gute Grundlage für die Weiterentwicklung des internationalen Klimaschutzes. Ein Jahr später wurde auf der 17. UN-Klimakonferenz in Durban das Durban-Paket verabschiedet. In Durban wurde die Grundlage für die zweite Verpflichtungsperiode des Kyoto-Protokolls festgelegt. Dabei wurde eine Arbeitsgruppe nämlich die ‚Ad Hoc Working Group on the Durban Plattform for Enhanced Action' (ADP) mit dem Ziel eingerichtet, die Bedingungen für ein neues Klimaabkommen zu entwickeln, die ab 2020 gelten und alle Staaten der Welt einbinden sollen (Schulz 2013: 145f.). Die unterschiedlichen Positionen innerhalb der BASIC Staaten wurden in Durban deutlicher. Alle vier Staaten der BASIC verfügen über das Prinzip der ‚gemeinsamen aber differenzierten Verantwortung', aber in Verlauf der Verhandlungen seit Kopenhagen zeigten Brasilien und Südafrika mehr Bereitschaft im Rahmen des Klimaschutzes (Toni/Mello 2014: 3f.). China hatte zu Beginn der Durban-Verhandlungen ihre „Teilnahme an einem neuen Klimavertrag nach 2020 in Aussicht gestellt, solange das Prinzip der gemeinsamen, aber differenzierten Verantwortung beachtet und eine zweite Kyoto-Protokoll-Periode beschlossen werden würden." (Never 2012: 3). Indien wollte sich auf keinen neuen Klimavertrag nach 2020 einlassen. Brasilien und Südafrika hingegen stehen verpflichtenden Minderungszielen offener gegenüber als Indien und China und deshalb kam es zu einer Spaltung während der Verhandlungen zwischen den BASIC-Staaten. Aufgrund der Differenzen innerhalb der BASIC wurde ihr Einfluss in den Verhandlungen geschwächt und damit verloren sie ihre Machtposition als ‚kleine' Gruppe (Never 2012: 3). Aus diesem Grund war die Zugehörigkeit der BASIC-Staaten zur G77/China ein zentraler Punkt in der Diskussion der BASIC in Durban. Laut Hochstetler und Milkoreit wollten die BASIC Staaten als ‚normale' Mitglieder der G77/China wahrgenommen werden.

„When asked about the BASIC position on an EU proposal during a press conference in Durban, Brazilian Ambassador Corrêa do Lago said bluntly that there was no shared BASIC position on this issue and that "BASIC is not a negotiation group." Similarly, the Chinese chief negotiator Xie argued during the only press briefing by BASIC countries on December 6, 2011, that BASIC was not a group but that the BASIC countries were developing countries and members of the G77/China." (Hochstetler/Milkoreit 2014: 230)

Die BASIC-Staaten begannen damit ihre Positionen und Interessen auch innerhalb der G77/China zu artikulieren. Durch die Allianz der EU mit den kleinen Inselstaaten (AOSIS) und den am wenigsten entwickelten Ländern (LCD) konnte die EU ihre Ziele für Durban durchsetzen (Netzer 2012: 7f.). Auch Brasilien und Südafrika sowie andere Schwellenländer wie Mexiko waren gegenüber den EU-Allianzen aufgeschlossen. Folglich war es möglich, das Durban-Paket zu verbschieden und damit den Weg zu einem neuen rechtsverbindlichen Klimaschutzabkommen zu eröffnen. Das Durban-Paket beinhaltet die Fortführung des Kyoto-Protokolls, die auf der Klimakonferenz in Doha 2012 erarbeitet wurde (Netzer 2012: 2f.). Dennoch wurde in Cancun beschlossen, dass bis 2015 ein neues verbindliches Klimaschutzabkommen verabschiedet werden sollte, hiermit würden auch die größten CO2 Emittenten wie USA, China und Indien zu Treibhausgasreduktionen verpflichtet werden. Allerdings führte das Durban-Paket und die darin beschlossenen Ziele zum Ausstieg einiger Länder aus dem Kyoto Protokoll, wie Russland, Kanada und Japan. Auf dem COP 18 in Doha 2012 wurde ein neues Paket verbschiedet, was „einen klima-politischen Wendepunkt markierte, da die Trennung der Verhandlungsstränge zwischen Industrie- und Entwicklungsländern aufgehoben werden sollte." (Netzer 2012: 2). Das Hauptziel der Konferenz in Doha war es, einen neuen Fahrplan für das neue, umfassende Klimaabkommen, die Finanzierungsfragen sowie die Weiterführung des Kyoto Proto-kolls zu erarbeiten (Netzter 2012: 3ff.). Damit sollen alle Länder bzw. die Schwellen-, die Entwicklungs- und die Industrieländer in einem neuen globalen Abkommen zusam-mengeführt werden. Zudem sollen die Minderungsanstrengungen aller Staaten erhöht werden, um das 2-Grad Ziel zu erreichen. In den Verhandlungen haben die BASIC Staa-ten vor allem Brasilien und Südafrika ihre Kompromissbereitschaft für den Klimaschutz gezeigt. Trotz unterschiedlicher Interessen unterstützten alle vier Länder für die Verlän-gerung des Kyoto-Protokolls. Die Allianzen der EU in Durban mit den kleinen Inselstaa-ten (AOSIS) sowie mit Entwicklungsländern wie Brasilien und Südafrika waren für die

Implementierung einer zweiten Phase des Kyoto-Protokolls in der COP 18 von großer Bedeutung (Dane/Schotte 2013: 6). Nun einigten sich die Vertragsstaaten nach einem langen Verhandlungsprozess in Doha auf die Verlängerung des Kyoto-Protokolls. Viele behaupten, dass dieses Ergebnis ohne das Engagement Brasiliens nicht möglich gewesen wäre. Brasilien konnte als Vermittler zwischen Entwicklungs- und Industriestaaten große Einfluss in den Verhandlungen gewinnen und somit die Unterstützung viele Ländern für die Verlängerung des Kyoto Protokolls erhalten (Dane/Schotte 2013: 6). Das beschlossene ‚Kyoto II' sollte ab dem 1. Januar 2013 bis zum Inkrafttreten des geplanten internationalen Klimavertrages im Jahr 2020 gültig sein. Allerdings hat der Ausstieg wichtiger Staaten aus den Klimaverhandlungen, wie den USA, Kanada und Russland, wichtige Fortschritte im Klimaschutz verhindert. Die Verhandlungen zwischen 2013 und 2014 dienten hauptsächlich zur Vorbereitung auf die Verhandlungen auf der COP 21 in Paris. Folglich wurde in der UN-Klimakonferenz in Warschau 2013 der Fortsetzung der Verhandlungen zu einem neuen verbindlichen Klimaabkommen durchgesetzt. Darüber hinaus waren ihre Hauptziele:

> *„a) die von der Durban Plattform eingeschlagene Richtung zu einer für alle Länder verbindlichen Vereinbarung weiterzuverfolgen; b) bei den Finanzierungsverpflichtungen für die Transformation zu einer emissionsarmen Wirtschaft weiterzukommen; c) Fortschritte bei der Gestaltung einer institutionellen Struktur für das REDD+-Programm zu erzielen; und d) Mechanismen für einen Ausgleich von Verlusten und Schäden zu erstellen." (Toni/Mello 2014: 3f.)*

Zudem wurde ein Finanzierungsmechanismus eingerichtet, durch den die Beschaffung von 100 Millionen US-Dollar für den Anpassungsfonds erreicht werden sollte (Toni/Mello 2014: 4). Außerdem wurde ein Mechanismus zum Umgang mit Verlust und Schäden (Loss and Damage) eingeführt und dies lag an der enormen Zahl katastrophaler Extremwetterereignisse weltweit. Ein großer Erfolg in Warschau war, dass durch die finanziellen Zusagen vieler Industrieländer der REDD-Fonds seine Arbeit wieder aufnehmen konnte. Darüber hinaus sollten durch den REDD-Mechanismus die weltweiten tropischen Regenwälder geschützt werden sowie neue Bäume gepflanzt werden (Deutsche Gesellschaft für die Vereinten Nationen 2016: 4). Allerdings herrschte erneut eine ständige Kontroverse zwischen den Industrie- und Schwellenländern, über die Verantwortung für den Klimawandel in den Verhandlungen (Toni/Mello 2014: 5). Dabei wollten China und die USA weiterhin keine Verpflichtungen zur Minderung der Treibhausgase durch eine Klimaschutzabkommen einhalten. Auch innerhalb der BASIC gab es keine weitere Bewegung, da die BASIC seit der COP 17 durch unterschiedliche Positionen ihren Einfluss in den Verhandlungen verloren hatten und die UN-Klimakonferenz „in Warsaw in 2013 did not lead to any significant changes or new positions by BASIC." (Bidwai 2014: 14). Brasilien und Südafrika haben weiterhin ihre proaktive Haltung in den Klimaverhandlungen fortgesetzt. Am Ende der Verhandlungen konnten nur wenige Entscheidungen beschlossen werden und dies ist vor allem auf die geringe Bereitschaft einiger Länder wie Australien, Japan, Indien, China, USA und Polen zurückzuführen. Erst in der UN-Klimakonferenz in Lima 2014 war es möglich, die Grundlage für die Verhandlungen über den neuen weltweiten Klimavertrag in Paris festzulegen, indem „alle großen Treibhausgasemittenten bis Ende März 2015 darlegen müssen, welche quantifizierbaren Klimaschutzbeiträge (Intented National Determined Contrinutions, INDCs) sie selbst ab 2020 zu leisten bereit sind." (BMU 2014: 6). Trotz der unterschiedlichen Positionen innerhalb der BASIC wollten die Staaten weiterhin in den Verhandlungen aktiv sein. Infolgedessen haben die BASIC Staaten besonders China und Indien in Lima nun erkannt, dass ihre Beiträge für den Klimaschutz notwendig waren. Ein wichtiges Ereignis von der COP 20 war die Einrichtung einer Arbeitsgruppe zwischen den USA und China zum Klimawandel (Toni/Mello 2014: 12). Dabei haben sich die USA und China durch bilaterale Gespräche und lange Verhandlungen letztendlich höhere Klimaziele verkündet. Zudem wollte China ab 2030 den Anteil an erneuerbaren Energien auf 20 Prozent steigern. Die USA hingegen wollten ihre CO2-Emissionen bis 2025 um 26 bis 28 Prozent unter das Niveau von 2005 senken. Dementsprechend war es in der COP 20 nun gelungen die Grundlage für die Verhandlungen in Paris 2015 festzulegen. Am Ende der Klimakonferenz „einigten sich nach intensiven Bemühungen des peruanischen Konferenzpräsidenten Manuel Pulgar-Vidal in letzter Minute auf ein 37-seitiges Kompromisspapier, das die Grundlagen für ein Klimaabkommen in Paris bilden sollte." (Deutsche Gesellschaft für die Vereinten Nationen 2016: 5). Damit eröffnete die Klimakonferenz in Lima den Weg zum Pariser Abkommen.

4. Die brasilianische Klimapolitik und seine Akteure

Nachdem nun erläutert wurde, wie der Allianz der BASIC-Staaten entstanden ist und wie diese Staaten besonders Brasilien die UN-Klimaverhandlungen beeinflusst haben, wird zunächst die Entwicklung der brasilianischen Klimapolitik analysiert. Angesichts der zentralen Rolle Brasiliens in den internationalen Klimaverhandlungen und durch seine proaktive Haltung in den Klimaverhandlungen ist die Analyse der brasilianischen Klimapolitik sowie seiner Hauptakteure für die Position Brasiliens auf den Pariser Verhandlungen von großer Bedeutung. In den darauffolgenden Abschnitten werden zunächst die wichtigsten Institutionen für den Klimaschutz in Brasilien kurz dargestellt. Anschließend wird die Entwicklung der Klimapolitik in Brasilien und die daraus resultierende nationale Klimastrategie erläutert.

4.1. Institutionen für Klimaschutz in Brasilien

4.1.1. Ministerium für Umwelt – MMA

Die brasilianische Exekutivgewalt setzt sich aus Ministerien zusammen, die für einen bestimmten Bereich verantwortlich sind und wird durch einen Minister repräsentiert. Das Umweltministerium (Ministério do Meio Ambiente - MMA) ist der wichtigster Akteur bei der Formulierung der Klimapolitik in Brasilien. Das Umweltministerium wurde im November 1992 mit dem Ziel gegründet, die Prinzipien und Strategien für den Klimaschutz einzuführen und einzusetzen. Dazu zählen die nachhaltige Nutzung der natürlichen Ressourcen, die Verbesserung der Umweltdienstleistungen sowie die Einbeziehung der nachhaltigen Entwicklung bei der Formulierung und Umsetzung der öffentlichen Politik (Ministério do Meio Ambiente, MMA). Dennoch ist das MMA laut dem brasilianischen Gesetzt N° 13. 341 für die folgenden Themen verantwortlich:

a) Nationale Umweltpolitik und Wasserwirtschaft
b) Umweltschutzpolitik, Konservierung und nachhaltige Nutzung von Ökosystemen, der Biodiversität und der Wälder
c) Strategievorschläge, Mechanismen und Wirtschafts- und Sozialinstrumente für die Umweltqualitätsverbesserung sowie die nachhaltige Nutzung der natürlichen Ressourcen
d) Bedingungen für die Integration von Umwelt und Produktion.
e) Programme für den ‚Amazonia Legal'
f) Schaffung der Übereinstimmung von Ökologie und Ökonomie (Ministério do Meio Amiente, MMA)

Dementsprechend unterstützt und fördert das MMA in Brasilien Projekte für Forschung und Innovation auf dem Gebiet der Nachhaltigkeit. In Bezug auf die ‚Amazonia Legal' wurde im Jahre 1981 vom MMA ein neues Entwicklungskonzept für die Bundesstaaten Acre, Amapá, Amazonas, Pará, Rondonia, Roraima, Tocantins sowie den äußersten Norden von Mato Grosso und den Nordwesten von Maranhao (der Planungsregion ‚Amazonia Legal'), verabschiedet, um den tropischen Regenwald in diesem Regionen zu schützen. Seitdem kämpft das Umweltministerium vor allem gegen die Waldabholzung in den Amazonasgebieten. Dadurch ist der Rückgang der Entwaldung hauptsächlich auf den Aktionsplan zur Kontrolle und Verhinderung der Entwaldung im Amazonas zurückzuführen (Ministério do Meio Ambiente, MMA). Dennoch tritt das MMA gemeinsam mit anderen Behörden in Vereinbarungen mit der internationalen Gemeinschaft für den weltweiten Klimaschutz auf. Damit ist die Arbeit des Umweltministeriums für die Umsetzung der brasilianischen Klimaziele von entscheidender Bedeutung.

4.1.2. Interministerielle Klimawandelkommission – CIMGC

Die interministerielle Klimawandelkommission (Comissão Interministerial de Mudança Global do Clima - CIMGC) wurde 1999 „unter Federführung des Bundeministeriums für Wissenschaft und Technologie" gegründet (Deutsche Gesellschaft für Technische Zusammenarbeit 2007: 25). Die CIMGC ist für den ‚Clean Development Mechanism' (CDM) in Brasilien zuständig und damit erhält diese Kommission „auch den Status als Designated National Authority (DNA) für Brasilien." (Deutsche Gesellschaft für Technische Zusammenarbeit 2007: 25). Durch die CIMGC werden Verfahren für CDM-Projekten genehmigt und unterbreitet. Zwischen 2004 und 2014 wurden insgesamt 416 CDM-Projekte durch die CIMGC genehmigt, davon wurden 333 Projekten im CDM-Exekutivbüro registriert (Comissão Interministerial de Mudança Global do Clima, CIMGC). Zudem wurden 90 Projekte zum Einsatz von Wasserkraftwerken, 64 zum Einsatz von Biogas sowie zahlreiche weitere Projekte zum Einsatz verschiedener erneuerbarer Energien zur Stromerzeugung registriert (Comissão Interministerial de Mudança Global do Clima, CIMGC).

4.1.3. Brasilianisches Forum zum Klimawandel – FBMC

Das brasilianische Forum zum Klimawandel (Fórum Brasileiro de Mudança de Clima - FBMC) wurde am 20. Juni 2000 als Plattform vom Bundesministerium, staatlichen Unternehmen wie der Petrobás, Forschungseinrichtungen, privaten Sektor und der Zivilgesellschaft gegründet (Hermanns 2007: 47). Das FBMC besteht dementsprechend aus Mitgliedern nationaler Agenturen, den Umweltministern der Bundesstaaten, Vertretern der Privatwirtschaft, der Zivilgesellschaft und verschiedene Umwelt-NGOs Das Ziel des FBMC ist vor allem die Bevölkerung über die Ursachen des Klimawandels zu informieren und sie in Bezug auf Klimaschutzfragen zu mobilisieren sowie Vorschläge für die CDM-Projekte zu erarbeiten (Hermanns 2007: 47f.). Im Jahr 2009 wurde das FBMC als Instrument für die Nationale Klimawandelpolitik (PNMC) anerkannt. Allerdings hat das Forum keinen festen Sitz und die Diskussionen zum Klimawandel werden in verschiedenen Regionen des Landes durchgeführt. Die Mitglieder des FBMC verfügen nicht über Entscheidungsgewalt, können jedoch ihre Positionen direkt gegenüber dem brasilianischen Staat vertreten (Fórum Brasileiro de Mudanças Climáticas).

4.1.4. Ministerium für Bergbau und Energie – MME

Das Ministerium für Bergbau und Energie (Ministério de Minas e Energia- MME) wurde 1960 gegründet. Das MME ist für die Weiterentwicklung von Wissenschaft und Technologien in Brasilien vor allem im Stromsektor zuständig. Dennoch gehören auch die folgenden Themen zum Zuständigkeitsbereich: Geologie, mineralische- und Energieressourcen, Einsatz von Wasserkraftwerken, Bergbau und Metallurgie, Erdöl, Kraftstoff und Strom, sowie Nuklearenergie (Ministério de Minas e Energie, MME). Außerdem ist das MME auch für den folgenden Bereich verantwortlich:

- Die ländliche Energieversorgung, Agroenergie sowie die ländliche Elektrifizierung
- Die Verantwortung das zyklische und strukturelle Gleichgewicht zwischen Angebot und Nachfrage der Energieressourcen des Landes (Ministério de Minas e Energie, MME)

Eine weitere wichtige Aufgabe des MME ist die Investitionen in Forschungszentren im Energiesektor. Zudem wurde die Gesellschaft für Energieforschung (Empresa de

Pesquisa Energética - EPE) im Jahr 2004 gegründet und ist ein wichtiger Teil des Ministeriums geworden (Ministério de Minas e Energie, MME). Die EPE ist für die Durchführung von Studien und Forschungen zur Planung des brasilianischen Energiesektors zuständig. Brasilien profitiert von einem großen Reichtum an alternativen Energiequellen wie Wasser, Sonne, Wind und Biomasse. Dementsprechend ist die Aufgabe des MME die Energiepolitik des Landes umzusetzen und durch verschiedene Forschungszentren die Entwicklung von erneuerbaren Energien in Brasilien zu fördern sowie die Energieeffizienz des Landes zugunsten der Umwelt zu gewährleisten.

4.1.5. Institut für Umwelt- und Naturschutz –IBAMA

Das Institut für Umwelt- und Naturschutz (Instituto Brasileiro do Meio Ambiente e dos Recursos Naturais Renováveis - IBAMA) wurde am 22. Februar 1989 gegründet, um die Klimaschutz in Brasilien zu gewährleisten und das IBAMA ist dem brasilianischen Umweltministerium (MMA) zugeordnet (Instituto Brasileiro do Meio Ambiente e dos Recursos Naturais Renováveis - IBAMA). Die Gründung des IBAMA geht auf die UN-Weltklimakonferenz in Stockholm 1972 zurück. Nach der Konferenz entstand ein enormer Druck seitens der internationalen Gemeinschaft für die Selbstverpflichtung Brasiliens zum Klimaschutz. Infolgedessen wurde das Institut als selbstständige Behörde gegründet. Das Hauptziel des IBAMA ist die Entwicklung und Förderung von Programmen für den Schutz und die Erhaltung der Umwelt in Brasilien. Zudem gehören auch die Kontrolle und Überwachung der natürlichen Ressourcen zu den Hauptaufgaben. Das Institut darf auch für diejenigen, die gegen die Standards der Umweltschutz verstoßen, Strafen aussprechen (Instituto Brasileiro do Meio Ambiente e dos Recursos Naturais Renováveis - IBAMA). Daneben ist das IBAMA für die Genehmigungsverfahren von Projekten, die mit der Verschmutzung oder jeglicher Art von Beeinträchtigung der Umwelt verbunden sind, verantwortlich. Zusammenfassend ist die Zusammenarbeit mit allen genannten Institutionen durch verschiedenen Sektoren für die Gewährleistung des Klimaschutzes in Brasilien von großer Bedeutung. Dadurch wird die Förderung verschiedener Maßnahmen in Bezug auf die nationalen Klimaziele ermöglicht.

4.2. Die Entwicklung der Klimapolitik in Brasilien

4.2.1. Innenpolitische Initiativen für den Klimaschutz

Die brasilianische Debatte für den Klimaschutz begann nach der ersten Weltklimakonferenz in Stockholm 1972. Seitdem war das Thema Umweltschutz in Brasilien sehr präsent. Denn Brasilien gehörte zu den wenigen Ländern, in denen die Änderung in der Landnutzung, allem voran der Rodung der Regenwälder, den Hauptgrund für den Anstieg der CO2-Emissionen bildete. Ein Jahr später, nach der Konferenz in Stockholm wurde die erste Umweltbehörde (Secretaria Especial de Meio Ambiente – SEMA) in Brasilien eingerichtet (Kohlhepp/Anhuf 2010: 150f.). Weiterhin wurde im Jahre 1988 „mit der Redemokratisierung in der neuen brasilianischen Verfassung erstmals die Umwelt ausdrücklich erwähnt." (Kohlhepp/Anhuf 2010: 150f.). Dies stellte wichtige Schritte bei der Entwicklung der Umweltpolitik in Brasilien dar. Erstmals wurde der Umwelt in der Verfassung ein ganzes Kapitel gewidmet, worin beschrieben wurde, dass die Verantwortung für die Erhaltung der Natur sowohl bei der Regierung als auch bei der Gesellschaft liegt. Allerdings stellte erst die UN-Klimakonferenz in Rio de Janeiro 1992 mit der Unterzeichnung der Klimarahmenkonvention der Vereinten Nationen (UNFCCC) zum Klimawandel einen Wendepunkt in der brasilianischen Klimapolitik dar. Brasilien war das erste Schwellenland, das die UNFCCC unterzeichnet hat und sie trat in Brasilien erstmalig 1994 in Kraft, nachdem sie vom brasilianischen Parlament ratifiziert wurde (Ministério do Meio Ambiente, MMA). Nachdem Brasilien nun das UNFCCC unterzeichnet hatte, wurde ein komplexes System im Rahmen des Klimaschutzes in Brasilien neu eingerichtet. Zudem wurden im Laufe der Jahre verschiedene Institutionen für den Umwelt- und Klimaschutz gegründet wie beispielsweise das Institut für Umwelt- und Naturschutz (IBAMA), die Interministerielle Kommission für Klimawandel (CIMGC) und das Ministerium für Umwelt (MMA). Durch die Gründung verschiedener Institutionen wurde eine Reihe von Förderprogrammen zum Klimaschutz, zur Energieeffizienz sowie erneuerbaren Energien initiiert. Zudem wurden verschiedene CDM-Projekte in Brasilien durchgeführt, die für die Reduzierung der Emissionen in Brasilien sehr wichtig sind. Beispielsweise wurden verschiedene Projekte zum Einsatz von Wasserkraftwerken gestartet. Dadurch deckt Brasilien mittlerweile 75% seines Strombedarfs durch Wasserkraftwerke, was einen zusätzlichen Beitrag zur sauberen Energiegewinnung leistet. Allerdings wird die Klimadebatte in Brasilien durch die Frage nach der Entwaldung dominiert, da die meisten brasilianischen Emissionen von Treibhausgasen durch die Entwaldung verursacht werden. Seit 2003 organisiert die brasilianische Bundesregierung in eine nationale Umweltkonferenz (Conferência Nacional do Meio Ambiente – CNMA).

> *„Es handelt sich dabei um einen partizipativen deliberativen Prozess, der aus mehreren Phasen besteht. Der nationalen Plenarversammlung gehen Konferenzen auf Ebene der Gemeinden, Regionen und Bundestaaten voraus, wodurch insgesamt mehr als hunderttausend Menschen im ganzen Land beteiligt werden." (Zilla 2009: 90)*

Infolgedessen wurde im Jahr 2007 das ständige Interministerielle Komitee für Klimawandel (Comitê Interministerial sobre Mudança do Clima, CIM) sowie eine Exekutivgruppe (Grupo Exekutivo, GEx) mit dem Ziel eingerichtet eine nationale Politik zum Klimawandel zu entwickeln. Das CIM besteht aus Vertretern von 17 verschiedenen Institutionen des Bundes und durch die Beteiligung des FBMC (das Brasilianische Forum zu Klimawandel) an den Treffen des CIM, bildet sie zusammen mit Vertretern von acht Ministerien die GEx (Zilla 2009: 90). Durch das CIM wurde im Jahr 2008 das Gesetzesprojekt zur nationalen Politik zum Klimawandel festgelegt, „das schließlich vom nationalen Kongress verabschiedet wurde." (Zilla 2009: 90). Dementsprechend ist die Klimapolitik in Brasilien durch eine Reihe von Entscheidungsprozessen geprägt, die weiterhin auf die Zusammenarbeit verschiedener Institutionen und Akteure angewiesen ist. Dabei spielen auch die Zivilgesellschaft und die NGOs bei der Umsetzung des Klimaschutzes in Brasilien eine sehr wichtige Rolle.

4.2.2. Verhandlungspositionen der Regierung Lula

Der damalige brasilianische Präsident Lula spielte für die Entwicklung der brasilianischen Klimapolitik eine entscheidende Rolle. Seit 2003 versuchte Lula die Aufmerksamkeit der internationalen Gemeinschaft zu wecken, zudem ernannte Lula Marina Silva als Umweltministerin. Marina galt sowohl in Brasilien als auch international als Kämpferin für Ökologie und die Rechte traditioneller Gemeinschaften. „Mit ihrer Ernennung wollte Lula vor allem auch ein Signal an die internationale Gemeinschaft senden, dass ihm der Schutz des Amazonas-Regenwaldes am Herzen liegt." (Fatheuer 2015: 4). Außerdem wollte Lula, dass Brasilien auf der internationalen Ebene als Vorreiter in der Klimaschutz-

Debatte angesehen wird (Zilla 2009: 67). Durch Marina wurde der Einsatz Brasiliens gegen die illegale Entwaldung verstärkte. Auf Grund dessen hat sich ab 2004 die Entwaldung in Brasilien deutlich verringert, was als großer Erfolg von Brasilien in der Umwelt- und Klimapolitik betrachtet wird (Fatheuer 2015: 4). Im Jahr 2008 verkündete Lula die nationale Politik zum Klimawandel (Política Nacional sobre Mudanca do Clima, PNMC), indem die nationalen Emissionsminderungsziele formuliert sind. Laut den BMU markierte der brasilianische Klimaplan einen Richtungswechsel in der brasilianischen Klimapolitik (BMU 2008). Weiterhin kündigte Lula im Jahr 2009 auf der Klimakonferenz in Kopenhagen ambitionierte, freiwillige Reduktionsziele an, was international eine neue Position Brasiliens in Bezug auf den Klimaschutz darstellte. In seiner Rede kündigte Lula an, die brasilianischen Treibhausgasemissionen bis 2020 um fast 40 Prozent gegenüber der derzeit vorausgesagten Entwicklung zu reduzieren. Dies sollte durch die neue Entwicklung verschiedener brasilianischer Sektoren wie beispielsweise in Landwirtschaft, Stahlindustrie und Energie sowie durch die Reduzierung der Entwaldung in Amazonas erreicht werden. Im selben Jahr wurden diese Ziele in der nationalen Klimapolitik festgeschrieben. Dennoch forderte Lula mehr Verantwortung der Entwicklungsländer zur Reduzierung der Treibhausgasemissionen und dies zeigte erneut die Bereitschaft Brasiliens zum Klimaschutz. Lula setzte damit durch sein großes Engagement in Bereich des Klimaschutzes in Brasilien wichtige Schritte für die brasilianische Klimapolitik.

4.2.3. Der Nationale Plan zum Klimawandel

Im Jahr 2009 wurde ein neues Gesetzt im Rahmen des Klimaschutzes in Brasilien, vor der Klimakonferenz in Kopenhagen, von Lula dekretiert, nämlich das Gesetz zur nationalen Klimapolitik (Política Nacional sobre Mudança do Clima, PNMC). In diesem Gesetz werden die Reduktionsziele Brasiliens sowie die Prinzipien, Vorgaben und Instrumente dieser Politik festgelegt. Beispielsweise sollen die brasilianischen Treibhausgasemissionen bis 2020 um fast 40 Prozent gesenkt werden. Allerdings enthält die PNMC keine verbindlichen Einschränkungen, sondern nur freiwillige Ziervorgaben. Zur Umsetzung der brasilianischen Klimaziele sind in der PNMC auch die Entwicklung der sektoralen Pläne zum Klimaschutz sowie die Klimaanpassung in den jeweiligen Sektoren verordnet. Außerdem wurde ein nationaler Klimafonds (Fundo Clima) eingerichtet, um

Projekte, besonders im Rahmen zur Bekämpfung der Entwaldung, finanziell zu unterstützen (Governo Federal/Comitê Interministerial sobre Mudança do Clima 2008: 16). Die PNMC soll durch die folgenden Instrumente umgesetzt werden: den nationalen Klimaplan zum Klimawandel, Sektorpläne zur Minderung und Anpassung an den Klimawandel, den nationalen Plan zur Anpassung an den Klimawandel, ein nationalen Klimafonds, Fiskale Maßnahmen sowie finanzielle und ökonomische Minderungsinstrumente. Der Nationalen Klimaplan sieht folgende Ziele vor:

- Reduzierung der Entwaldungsrate im Amazonas-Gebiet um 80% bis 2020
- Steigerung des bereits hohen Anteils an erneuerbaren Energien
- Ausbau des Verbrauches von Agrartreibstoffen, vor allem Ethanol und Biodiesel
- Erhöhung der Energieeffizienz um 10 % bis 2030
- Verringerung der Emissionen aus der Landwirtschaft (Governo Federal/Comitê Interministerial sobre Mudança do Clima 2008: 16)

Zur Erreichung dieser Ziele möchte Brasilien den Einsatz gegen illegale Holzaktivitäten verstärken und die Nutzung von erneuerbaren Energien im Land erhöhen. Dabei soll der Aufbau von Wasserkraftwerken innerhalb des Landes vor allem in den Amazonas-Gebieten verstärkt werden. Allerdings sind die indigenen Völker sowie die Regenwälder im Amazonas durch den geplanten Aufbau von Wasserkraftwerken bedroht. Einerseits sollten durch die Wasserkraftwerk die Bevölkerung in Brasilien mit ‚sauberer‘ Energie versorgt werden aber anderseits werden dadurch große Regenwaldflächen zerstört und gleichzeitig die Lebensbedingungen der Indigenen verschlechtert. Auf Grund dessen wird der Einsatz von Wasserkraftwerken in Brasilien häufig kontrovers diskutiert. Viele UmweltschützerInnen, darunter viele nationale und internationale Umweltorganisationen, fördern mehr Verantwortung der Regierung gegenüber der Indigenen Völker und mehr auf Wind- und Sonnenenergie statt auf Wasserkraft zu setzen (Verdum 2015). Dennoch hat Brasilien bei der Umsetzung seiner Klimaziele in einzelnen Sektoren bereits Fortschritte gemacht. Darüber hinaus ist die Reduzierung der CO2-Emissionen in Brasilien vor allem durch die Reduzierung der Entwaldung begründet. Zwischen 2004 und 2012 ist, vor allem durch das neue Waldschutzgesetz vom Präsident Dilma Roussef, die jährliche Entwaldungsrate in Brasilien um 83% gesunken (Gardner/Godar 2014). Dies war ein großer Erfolg für die brasilianische Klimapolitik. Allerdings hat sich diese Situation seit 2013 verschlechtert, zwischen 2014 und 2015 ist die Entwaldungsrate wieder um 24%

gestiegen. (Verdélio 2016). Dies lässt vor allem durch die illegale Abholzung für das Agrobusiness erklären, „das Agrobusiness ist ökonomisch gestärkt, politisch gereift und hat seine Machtbasis in Parlament ((bancada ruralista)) und in der Regierung gestärkt.“ (Fatheuer 2015: 6). Darüber hinaus wurde einen Gesetzesentwurf vom Nationalkongress zur Verfassungsänderungen vorgeschlagen nämlich die PEC 215 (Proposta de Emenda a Constituição), in dem die indigenen Gebiete sowie die Schutzgebiete reduzieren werden sollen. Außerdem soll durch die PEC 215 die Umsetzung von Großprojekten innerhalb ihres Gebietes erleichtern. „Laut der Verfassung von 1988 ist die brasilianische Regierung für die Ausweitung von indigenen Territorien und Schutzgebieten verantwortlich.“ (Pro-Regenwald 2015: 13). Das Ziel dieser Verfassungsänderung ist die Verantwortung über die indigenen Schutzgebiete auf das Parlament zu übertragen und somit die verfassungsmäßigen Landrechte den indigenen Völkern zu entziehen. Der Konflikt um die Landrechte in Brasilien existiert seit den 20. Jahrhunderts. Seitdem wurden „über 600 Indigene umgebracht, 130 davon allein im Jahr 2014.“ (Pro-Regenwald 2015: 13) Durch die PEC 215 wird sich diese Situation verschlechtern, deswegen protestierten in Brasilien 2013 viele UmweltschützerInnen sowie die Zivilgesellschaft gegen die PEC 215. Damit wird die Gewährleistung des Waldschutzes in Brasilien durch den großen Einfluss der Agrar-, Bergbau- und Großgrundbesitzerlobby im Kongress verhindert. Deswegen steht Brasilien vor der großen Herausforderung sein Ziel im Rahmen der Reduzierung der Entwaldung zu erreichen und diese um 80% bis 2020 zu senken. Aber durch die Klimaziele, die Brasilien sich durch seine nationalen Klimaschutzbeiträge gesetzt und in der Klimakonferenz von Paris in 2015 präsentiert hat, schöpft Brasilien neue Hoffnung.

5. Die Position Brasiliens in der Klimakonferenz in Paris – COP 21

Im vorherigen Kapitel wurde die Entwicklung der brasilianischen Klimapolitik sowie ihre Hauptakteure analysiert. Dadurch wurde gezeigt, dass Brasilien in den vergangenen Jahren eine Reihe pro aktiver Schritte zur Entwicklung und Umsetzung einer umfassenden nationalen Klimapolitik durchgeführt hat. Anschließend werden die nationalen Klimaschutzbeiträge (INDCs), die Brasilien auf der Klimakonferenz in Paris präsentiert hat, dargestellt. Abschließend werden die wichtigsten Punkte des Pariser Abkommens erläutert.

5.1. Brasiliens nationale Klimaschutzbeiträge – INDC

Auf die UN-Klimakonferenz in Paris 2015 sind alle Ländern aufgefordert worden, einige freiwillige Ziele, die sogenannte INDCs (Intended Nationally Determined Contributions), für den Klimaschutz festzulegen (UNFCCC 2014). Zudem mussten alle Länder ihre Ziele vor der Klimakonferenz bzw. bis zum 10. Oktober 2015 formuliert haben. Alle Länder, außer den Ländern aus der arabischen Welt, haben ihre nationalen Ziele vorgelegt. Die arabischen Länder haben sich geweigert, an diesem Prozess teilzunehmen. Brasilien hat seine Ziele am 27. September 2015 durch Präsidentin Dilma Roussef beim UN-Nachhaltigkeitsgipfel in New York vorgelegt. Die brasilianischen INDCs wurden durch politische und wissenschaftliche Annahmen geleitet, die durch die folgenden sechs Aktionslinien hervorgehoben werden sollten: die Umsetzung der in Lima in der COP 20 formulierten Richtlinien, koordiniertes Vorgehen in der brasilianischen Regierung durch die direkte Einbeziehung von sechs Ministerien (MAPA, MCTI, MDIC, MMA, MME und MRE), wissenschaftlichen Einrichtungen und die sektoralen Pläne, die Einbeziehung der Zivilgesellschaft sowie des Privatsektors und der bilateralen Gespräche mit den wichtigsten Ländern der globalen Klimaagenda. Die Strategie Brasiliens war es, seine politische Rolle in Bezug auf die globale Klimadiskussion zu verstärken.

Die zentralen Reduktionsziele des brasilianischen INDCs beziehen sich auf die Verpflichtung Brasiliens seine CO2-Emissionen bis 2030 um 43 Prozent zu reduzieren. Diese Ziele beruhen nicht nur auf der Förderung von erneuerbaren Energien, sondern vor allem auf dem Rückgang der Entwaldung in Brasilien (Viola/Basso 2015). Dabei sind die CO2-Emissionen in Brasilien zwischen 2005 und 2012 bereits um 41 Prozent gesunken, dies lag vor allem an der erfolgreichen Reduzierung der Entwaldung im Amazonas-Gebiet um 82 Prozent zwischen 2004 und 2014 (Teixeira 2015). Dennoch verpflichtete sich Brasilien in seinen INDCs die Anpassungskapazität des Landes mithilfe des nationalen Plans zur Anpassung an den Klimawandel zu verstärken. Außerdem wurden die Ziele zur Reduzierung von CO2-Emissionen nach verschiedenen Sektoren in Brasiliens INDCs festgelegt:

- Bioenergiesektor und Energiesektor

Brasilien sieht in seinen INDCs im Bioenergiesektor die Erhöhung des Biodiesels vor. Dabei ist das Ziel Brasiliens, dass der Verbrauch an Biodiesel im Land um 18 Prozent auf

2030 erhöht wird. Außerdem will Brasilien im Energiesektor einen Ausstieg aus Kohle, Öl und Gas einleiten. Dabei sollen 45 Prozent des Erneuerbare-Energie-Anteils am Energiemix bis 2030 erreicht werden. Außerdem will Brasilien den Anteil an Wind-, Solar- und Biokraftstofferzeugung im Land um 28 bis 33 Prozent steigen (República Federativa do Brasil 2015: 3f.). Durch die geplanten Öko-Energien will Brasilien die Energieeffizienz des Landes verbessern. Allerdings sind diese Ziele laut Professor Eduardo Viola und der Doktorandin für internationale Beziehungen in Brasilien, Larissa Basso, nicht ambitioniert und innovativ genug, da der durchschnittliche Anteil an erneuerbaren Energien in Brasilien zwischen 2004 und 2014 bereits 43,64 Prozent erreicht wurde (Viola/Basso 2015). Auch der Anteil an Energieerzeugung durch Wind-, Solar und Biomassekraft betrug im Jahr 2014 bereits 27,9 Prozent. Daher sind die Ziele des INDCs der Erneuerbare-Energie-Anteil am Energiemix um 45 Prozent sowie den Anteil an Wind-, Solar- und Biokraftstofferzeugung um 28 bis 33 Prozent zu erhöhen, laut Viola und Basso sehr konservativ (Viola/Basso 2015).

- Wald-, Landwirtschafts- und Landnutzungssektor

Ein wichtiges Ziel des brasilianischen INDCs sind der Wald- Landwirtschafts- und Landnutzungssektor. Hier soll bis 2030 die illegale Abholzung der Regenwälder im Amazonas vollständig beendet werden, das heißt eine sogenannte ‚desmatamento ilegal zero' (Null-Entwaldung) (República Federativa do Brasil 2015: 3f.). Mit der Unterstützung des Amazonienfonds will Brasilien im Hinblick auf die Landnutzung und Landwirtschaft durch Wiederaufforstung und Wiederherstellung von Regenwäldern einen ehrgeizigen Ausbau von Kohlenstoffspeichern vorantreiben sowie die kohlenstoffarme Landwirtschaft in Brasilien fördern. Dabei sollen bis 2030 12 Millionen Hektar wiederaufgeforstet, 15 Millionen Hektar wiederhergestellt und 5 Millionen Hektar für die Saatgut- und Viehzüchtung implementiert werden (República Federativa do Brasil 2015: 4). Laut Viola und Basso sind diese Ziele im Landwirtschafts- und Landnutzungssektor gut, allerdings wird die Einhaltung dieser Ziele durch die langsame Umsetzung der kohlenstoffarmen Landwirtschaft sowie die Priorität der konventionellen Landwirtschaft schwer zu erreichen sein (Viola/Basso 2015). Außerdem ist das Ziel die illegale Abholzung der Regenwälder vollständig zu beenden, laut Viola und Basso unvorstellbar, da die allgemeinen Bedingungen der Rechtsstaatlichkeit in Bezug auf die illegale Abholzung in Brasilien nicht stark genug ist (Viola/Basso 2015). Daher kann die Regierung die illegale Abholzung nicht verhindern. Aus diesem Grund fordern viele Umweltschützer von der brasilianischen Regierung mehr Engagement gegen die illegale Abholzung.

- Industriesektor und Transportsektor

In den Industrie- und Transportsektoren will Brasilien den Einsatz von sauberen Technologien auf dem Land implementieren und damit eine bessere Energieeffizienz durch eine emissionsarme Infrastruktur in Brasilien voranbringen. Diese Ziele waren bereits in den PNMC festgelegt, wurden aber nur teilweise umgesetzt (Viola/Basso 2015). Trotz der Kritiken ist Brasilien mit seinen INDCs das wichtigste Schwellenland auf der Pariser Klimakonferenz, da es das Ziel der Dekarbonisierung durch die absolute Reduktion seiner Emissionen bis 2030 aufgenommen hat. Laut der Bundeskanzlerin Angela Merkel haben die brasilianischen INDCs eine Signalwirkung auf alle lateinamerikanischen Staaten und Schwellenländer. Zudem sagte Merkel „Brasilien ist einen großen Schritt nach vorne gegangen" (Bundesregierung 2015). Auch der französische Außenminister und Präsident der COP 21 Laurent Fabius fand die brasilianischen INDCs sehr innovativ. Infolgedessen reiste Fabius am 22. November vor der Klimakonferenz nach Brasilien, um Gespräche mit der Präsidentin Dilma Roussef zu führen. Dabei wollte Fabius die Unterstützung Roussefs bei den Verhandlungen sowie die politische Unterstützung Brasiliens erreichen, damit das Pariser Abkommen erfolgreich verabschiedet werden konnte (Portal Brasil 2015). Das Pariser Abkommen wurde am 12. September 2016 vom neuen Präsident Brasiliens Michel Temer ratifiziert. Damit machte Brasilien die ersten wichtigen Schritte ihre Wirtschaft ökologischer aufzubauen und nahm damit eine zentrale Rolle in der globalen Klimapolitik ein. Allerdings sind die Verbesserungen in Brasilien seit der Klimakonferenz in Paris ungenügend. Laut dem Klimaschutz-Index 2017 fanden die größten Verbesserung in Brasilien nur im Bereich Energieeffizienz statt. Aber Brasilien verliert in Hinblick auf seine Emissionswerte einige Plätze im Bereich der Erneuerbaren Energien (Germanwatch 2017: 4).

5.2. Die Resultate der COP 21

Die UN-Klimakonferenz in Paris fand vom 29. November bis 11. Dezember 2015 statt. Das Ziel dieser Konferenz war es, das in der COP 20 geplante Pariser-Klimaschutzabkommen zu verabschieden und damit die Einigung aller Staaten auf einen Weltklimavertrag. Das Abkommen gilt sowohl für Industriestaaten als auch für die Schwellen- und Entwicklungsländer. Darüber hinaus sollten alle Staaten ihre angestrebten nationalen Beiträge zum Klimaschutz (INDC) vor der Klimakonferenz vorlegen. Im Laufe der Jahre haben fast alle Staaten ihre INDCs vorgelegt. Durch diese wurden alle Staaten dazu verpflichtet, „die Weltwirtschaft auf klimafreundliche Weise zu verändern" sowie alle fünf Jahre neue Ziele vorzulegen, um damit die Temperaturerhöhung auf 2 von oder sogar 1,5 Grad zu gewährleisten (BMU 2016). Zudem sollten die nachfolgenden Beiträge ambitionierter sein, als die im Jahr 2015 festgelegten Ziele. Auf der COP 21 am 12.12.2015 wurde das Pariser-Abkommen verabschiedete und ist damit „das erste völkerrechtlich verbindliche Klimaabkommen, das Verpflichtungen für alle 195 Staaten enthält." (Bals/Kreft/Welscher 2016: 4). Die Schwellen- und Entwicklungsländer werden weiterhin finanziell mit 100 Milliarden US-Dollar jährlich sowie durch Technologietransfer von den Industrieländern unterstützt, um der Klimaerwärmung entgegenzuwirken und auf erneuerbare Energien umzusteigen. Allerdings wurde in der COP 21 auch die Regelung der Finanzierungs-Maßnahmen nach 2020 diskutiert (Bals/Kreft/Welscher 2016: 30). Dabei „enthält das Pariser Abkommen nun eine Sprachregelung, die die Industrieländer zwar für die Bereitstellung finanzieller Mittel in die Pflicht nimmt, aber „andere Staaten" ermutigt, sich ab 2020 ebenfalls auf freiwilliger Basis an der Finanzierung von Klimaschutz- und Anpassungsmaßnahmen in Entwicklungsländern zu beteiligen." (Bals/Kreft/Welscher 2016: 30). Außerdem wurde der Mechanismus ‚Verlust und Schäden' (Loss and Damage) im Rahmen eines umfassenden Solidaritätspakets mit einem eigenständigen Artikel (Artikel 8) in dem Abkommen verankert (Bals/Kreft/Welscher 2016: 28). Dabei sollen die ‚reichen' Staaten die durch den Klimawandel gefährdeten Länder finanziell unterstützen. Das Pariser Abkommen trat am 04. November 2016 in Kraft und war damit „ein klimapolitischer Erfolg", an dem sich alle Staaten erstmals auf einen Weltklimavertrag einigten und ambitionierte Ziele für den Klimaschutz vorlegten (Bals/Kreft/Welscher 2016: 33). Dementsprechend zeigte das Pariser Abkommen und die starke brasilianische Position in der COP 21, dass Brasilien und die Welt den Klimawandel auf ihre Agenda genommen haben und Brasilien sich auf die Verringerung der Treibhausgasemissionen konzentriert sowie die Anpassungsmaßnahmen fördert. Die Fähigkeit alle Länder diese neue globale Realität zu gestalten, bringen immense Herausforderungen aber auch Chancen, wie die Förderung der nachhaltigen Entwicklung für die Länder mit sich. Durch das Pariser Abkommen und die nationalen INDCs nehmen sowohl die Verringerung der Kohlenstoffemissionen als auch die Dekarbonisierung Geschwindigkeit auf. Dies wird auf verschiedenen Ebenen deutlich: Strengere Gesetze und Verordnungen der Regierungen, die Veränderung der öffentlichen Politik auf verschiedenen Ebenen sowie die Veränderungen der Strategien der Unternehmen durch eine ‚grünere' Wirtschaft. Durch das Pariser Abkommen und die brasilianischen INDCs werden auch die Banken und Großinvestoren ihre Positionen ändern. Denn sie werden zukünftig nicht mehr in Unternehmen mit hohen Emissionen investieren, sondern in Unternehmen mit niedrigen Emissionen. Dies bietet eine große Chance für die brasilianische Land- und Fortwirtschaft, einschließlich Lebensmittel-, Futtermittel-, Faser- und Biokraftstoff-Industrie. Denn in der Regel haben brasilianische Produkte eine sehr positive Klimabilanz im Vergleich zu ihren Konkurrenzprodukten aus anderen Ländern. Zusammenfassend ist das Pariser Abkommen ein massives globales Engagement für die Dekarbonisierung der Wirtschaft. In Brasilien wird in den kommenden Jahren die Reduktion der Entwaldung der Schlüssel zur Erreichung der brasilianischen INDCs sein. Allerdings kann der Rückgang der Entwaldung „nicht durch den Waldsektor allein erreicht werden. Umfassende politische Unterstützung und die substantielle Beteiligung anderer Schlüsselsektoren wie Landwirtschaft, Bergbau und Infrastruktur sind nötig", um die Klimaziele des Landes zu erreichen und bei der globalen Klimapolitik mitzubestimmen (BMZ 2015: 11).

6. Ausblick

Diese Arbeit hat gezeigt, dass der Klimawandel seit dem Ende des 19. Jahrhunderts ein sehr präsentes Thema auf der internationalen Ebene ist. Die Staaten erkannten, dass es nur durch eine internationale Kooperation möglich ist, den Klimawandel zu bewältigen. Brasilien ist seit der UN-Klimakonferenz in Rio an der globalen Klimapolitik beteiligt und seitdem nimmt die Klimapolitik und das Thema Klimaschutz in der brasilianischen

Außenpolitik einen höheren Stellenwert ein. Die Strategie Brasiliens lässt sich durch die multilateralen Beziehungen erklären. Besonders hier sind diplomatische Allianzen mit den Entwicklungs- und Schwellenländern (G77/China) sowie mit den größten Schwellenländern wie Südafrika, Indien und China (BASIC) von besonderer Bedeutung. Brasilien versucht dadurch Kompromisse mit der UN zu finden und damit seine Position auf der internationalen Ebene zu verstärken. Bei den Klimaverhandlungen der COP 15 und COP 16 spielte die Partizipation der BASIC eine entscheidende Rolle. Allerdings begann diese Allianz im Laufe der Jahre auf Grund unterschiedlicher Positionen ihre Interessen innerhalb der G77/China zu artikulieren. Weiterhin war und ist es die Strategie Brasiliens sich als Vermittler zwischen Entwicklungs- und Industrieländern in der internationalen Klimapolitik zu präsentieren und dadurch als Vorreiter bei der globalen Klimapolitik angesehen zu werden. Brasilien hat sich durch seine freiwilligen Klimaziele sowie die neuen nationalen Gesetze wie beispielsweise die PNMC eine starke Position in der internationalen Klimapolitik aufgebaut. Außerdem ist Brasilien durch sein ökologisches Potenzial sowie den wirtschaftlichen Fortschritt in den letzten Jahren ein sehr wichtiger Akteur in die internationale Klimapolitik geworden. Bei den UN-Klimaverhandlungen verfolgte Brasilien immer das Ziel die nationale Souveränität zu schützen sowie sich das Recht auf eine Weiterentwicklung zu wahren. Im Gegensatz zu Brasilien sind die meisten Schwellen- und Entwicklungsländer gegen verbindliche Reduktionsziele, da sie befürchten, dass dies die wirtschaftliche Entwicklung ihrer Länder bremsen könnte. Die in Paris verabschiedeten INDCs „werden allein vor der Bereitschaft der Länder aufgrund ihrer nationalen Umstände bestimmt und nicht aufgrund der auf globaler Ebene dringend notwendigen Emissionsreduktionen.“ (Fatheuer 2015: 8). Aus diesem Grund haben sich fast alle Staaten auf das Pariser Abkommen geeinigt. Die INDCs stellen wichtige wirtschaftliche Veränderungen dar, da die Dekarbonisierung in der Wirtschaft gefördert wird. Abschließend kann angemerkt werden, dass die Klimapolitik Brasiliens bis heute sehr viele Fortschritte gemacht hat. Denn die Maßnahmen zur Reduktion der CO2 Emissionen wurden sowohl auf der nationalen und lokalen Ebene als auch durch die Zivilgesellschaft gefördert. Diese Dynamik hat wesentlich zur Verbesserung der Klimapolitik des Landes beigetragen. Allerdings haben die sozialen und ökologischen Interessen keine Priorität bei den Richtlinien der brasilianischen Klimapolitik. Die nachhaltige Entwicklung wird in Brasilien immerhin in verschiedenen Marktsegmenten sowie in verschiedenen Sektoren der Regierung kontrovers diskutiert. Infolgedessen steht Brasilien für die Implementierung seiner INDCs vor einer großen Herausforderung. Daher es ist wichtig, dass die Unternehmen, die Zivilgesellschaft und die Regierung sich einig darüber sind, wie die sozialen und ökologischen Interessenskonflikte beigelegt werden können. Die wirtschaftlichen Interessen Brasiliens vor allem durch die illegale Abholzung sind heute und in Zukunft die größte Herausforderung für eine integrierte Klimapolitik sowie für die nachhaltige Entwicklung Brasiliens.

Literaturverzeichnis

Asselt, Harro van 2014: The Fragmentation of Global Climate Governance: Consequences and Managment of Regime Interactions. Cheltenham, UK: Edward Elgar.

Bals, Christoph/ Kreft, Sönke/ Weischer, Lutz 2016: Wendepunkt auf dem Weg in eine neue Epoche der globalen Klima- und Energiepolitik: Die Ergebnisse des Pariser Klimagipfels COP 21. *https://germanwatch.org/de/download/13982.pdf*, zuletzt geprüft am 30.03.2017

Bidwai, Praful 2014: The Emerging Economies and Climate Change: A case study of the BASIC grouping (TNI Working Papers). *https://www.tni.org/sites/www.tni.org/files/download/shifting_power-climate.pdf*, zuletzt geprüft am 31.03.2017

BMU: Der Weltklimarat IPCC. *http://www.bmub.bund.de/themen/klima-energie/klimaschutz/internationale-klimapolitik/ipcc/*, zuletzt geprüft am 15.03.2017

BMU: UN-Klimakonferenzen: Etappen des Klimaverhandlungsprozesses. *http://www.bmub.bund.de/themen/klima-energie/klimaschutz/internationale-klimapolitik/un-klimakonferenzen/ergebnisse-der-un-klimakonferenzen/*, zuletzt geprüft am 01.03.2017

BMU 2014: Endspurt auf dem Weg zum „Paris-Protokoll": UN-Klimakonferenz (COP20/CMP10) in Lima vom 01. Dezember bis 12. Dezember 2014 *http://www.bmub.bund.de/fileadmin/Daten_BMU/Download_PDF/Klimaschutz/cop_20_hintergrundpapier_bf.pdf*, zuletzt geprüft am 31.03.2017

BMU 2015: Kyoto-Protokoll. *http://www.bmub.bund.de/themen/klima-energie/klimaschutz/internationale-klimapolitik/kyoto-protokoll/*, zuletzt geprüft am 01.03.2017

BMZ 2015: REDD+: Wälder und Klima schützen für nachhaltige Entwicklung. *http://www.bmz.de/de/mediathek/publikationen/themen/umwelt/Materialie273_redd.pdf*, zuletzt geprüft am 28.03.2017

Bundeszentrale für politische Bildung: UN-Weltklimakonferenz in Kopenhagen. *http://www.bpb.de/politik/hintergrund-aktuell/69238/weltklimakonferenz-04-12-2009*, zuletzt geprüft am 21.03.2017

Coalizão Brasil Clima Florestas e Agricultura 2016: Pós-Acordo de Paris: Caminhos para Implementação da economia de baixo carbono. *http://cebds.org/wp-content/uploads/2016/09/Ps-Acordo-de-Paris-Caminhos-para-Implementao-da-Economia-de-Baixo-Carbono-1-1.pdf*, zuletzt geprüft am 29.03.2017

Comissão Interministerial de Mudança Global do Clima 2014: Comissão Interministerial de Mudança Global do Clima CIMGC: Relatório de Atividades 2013-2014. *http://www.mcti.gov.br/documents/10179/546721/Comiss%C3%A3o+Interministerial+de+Mudan%C3%A7a+Global+do+Clima+-+Relat%C3%B3rio+de+Atividades+2013-2014/a8c22739-976d-4c91-bcb2-af74bacbc2ac,* zuletzt geprüft am 15.03.2017

Congresso Nacional/ Comissão Mista Permanente sobre Mudanças Climáticas 2016: Relatório de Atividades – 2016. *http://www19.senado.gov.br/sdleg-getter/documento/download/eb7b9414-599a-4da5-a054-422c85680b07,* zuletzt geprüft am 13.03.2017

Dane, Felix/ Schotte, Simone 2013: Brasilien: Wirtschaftlich über-, politisch unterbewertet? *http://www.kas.de/wf/doc/kas_34492-1522-1-30.pdf?130527112226,* zuletzt geprüft am 15.03.2017

Deutsche Gesellschaft für Technische Zusammenarbeit 2007: Energiepolitische Rahmenbedingungen für Strommärkte und erneuerbare Energien: 23 Länderanalysen. *http://www.energieverbraucher.de/files_db/dl_mg_1192549865.pdf,* zuletzt geprüft am 20.03.2017

Deutsche Gesellschaft für die Vereinten Nationen 2013: UN-Basis-Informationen 48. *http://www.dgvn.de/fileadmin/publications/PDFs/Basis_Informationen/BI48_Klimaschutz.pdf,* zuletzt geprüft am 13.03.2017

Deutsche Gesellschaft für die Vereinten Nationen 2016: UN-Basis-Informationen 54. *http://www.dgvn.de/fileadmin/user_upload/PUBLIKATIONEN/Basis_Informationen/BI_Klimaabkommen_20161221-web.pdf,* zuletzt geprüft am 13.03.2017

Die Bundesregierung 2015: VN-Klimaverhandlungen: Fortschritte auf dem Weg nach Paris. *https://www.bundesregierung.de/Content/DE/Artikel/2015/08/2015-08-27-klima-paris.html,* zuletzt geprüft am 17.03.2017

Dröge, Susanne/ Geden, Oliver 2010: EU-Richtungswechsel in den Klimaverhandlungen? (SWP-Aktuell 35). Berlin: Stiftung Wissenschaft und Politik. *http://www.swp-berlin.org/fileadmin/contents/products/aktuell/2010A35_dge_gdn_ks.pdf,* zuletzt geprüft am 18.03.2017

Dröge, Susanne 2012: Die Klimaverhandlungen in Durban: Erfolgreiche Diplomatie, aber kein Fortschritt für den Klimaschutz (SWP-Aktuell 3). Berlin: Stiftung Wissenschaft und Politik. *http://www.swp-berlin.org/fileadmin/contents/products/aktuell/2012A03_dge.pdf,* zuletzt geprüft am 17.03.2017

Dröge, Susanne 2016: The Paris Agreement 2015: Turning Point fort he International Climate Regime. Berlin: Stiftung Wissenschaft und Politik. *https://www.swp-berlin.org/fileadmin/contents/products/research_papers/2016RP04_dge.pdf,* zuletzt geprüft am 31.03.2017

Fatheuer, Thomas 2015: Klimapolitik Brasiliens, in: Zeitschrift Brasilicum: Der Traum auf den Trockenen. Harte Zeiten für Umwelt- und Klimapolitik, 237/2015, S. 6-8.

Fischer-Bollin, Peter 2010a: Brasilien und die Klimakonferenz in Kopenhagen. *http://www.kas.de/wf/doc/kas_703-1442-1-30.pdf?100503200002,* zuletzt geprüft am 12.03.2017

Fischer-Bollin, Peter 2010b: Brasilien: Scheitern in Kopenhagen und die Rolle der BASIC, in: Wahlers, Gerhard (Hrsg.): Vor dem Klimagipfel in Cancún. Köln: Konrad-Adenauer-Stiftung. *http://www.kas.de/wf/doc/kas_21192-544-1-30.pdf?101124181207,* zuletzt geprüft am 17.03.2017

Fórum Brasileiro de Mudanças Climáticas: FBMC. Fórum Brasileiro de Mudanças Climáticas.
https://forumbrasilclima.org/about/, zuletzt geprüft am 17.03. 2017

Gardner, Toby A./ Godar, Javier 2014: Uma nova era no combate ao desmatamento na Amazônia brasileira: oportunidades para melhorar a efetividade de políticas públicas. *https://www.sei-international.org/mediamanager/documents/Publications/SEI-PB-2014-Amazon-deforestation-Port.pdf,* zuletzt geprüft am 15.03.2017

Germanwatch 2017: Der Klimaschutz-Index: Die wichtigsten Ergebnisse 2017. *http://germanwatch.org/de/download/16942.pdf,* zuletzt geprüft am 28.03.2017

Governo Federal/ Comitê Interministerial sobre Mudança do Clima 2008: Plano Nacional sobre Mudança do Clima – PNMC – Brasil.
http://www.mma.gov.br/estruturas/smcq_climaticas/_arquivos/plano_nacional_mudanca_clima.pdf, zuletzt geprüft am 17.03.2017

Gupta, Joyeeta 2014: The History of Global Climate Governance. Cambridge: Cambridge University Press.

Hermanns, Klaus 2007: Brasilien: Auf der Gewinnerseite des Klimawandels? (Fokus Brasilien Nr. 6/2007). Rio de Janeiro: Konrad Adenauer Stiftung.
http://www.kas.de/upload/dokumente/2007/KAS_Klimareport_Brasilien.pdf

Hochstetler, Kathryn Ann 2012: The G-77, BASIC, and Global Climate Governance: a new era in multilateral environmental negotiations (Revista Brasileira de Política Internacional Nr. 55).
http://www.scielo.br/pdf/rbpi/v55nspe/04.pdf, zuletzt geprüft am 23.03.2017

Kohlhepp, Gerd/ Anhuf, Dieter 2010: Umweltprobleme und Umweltschutz, in: Costa, Sérgio/ Kohlhepp, Gerd/Nitschack, Horst/ Sangmeister, Hartmut (Hrsg.): Brasilien heute. Frankfurt: Vervuert Verlag, S. 135-158.

Lederer, Markus 2010: Klimapolitik zwischen Kyoto und Cancún, in: Welttrends 18/76, S. 23-32.

Malerba, Julianna 2011: Länderperspektive Brasilien, in: Netzer, Nina/ Gouverneur, Judith (Hrsg.): Zwischen Anspruch und Wirklichkeit: Internationale Perspektiven vor der Weltklimakonferenz in Durban. Berlin: Friedrich-Elbert-Stiftung, S. 7-14.

Ministério do Meio Ambiente: Convenção-Quadro das Nações Unidas sobre Mudança do Clima (UNFCCC). *http://www.mma.gov.br/clima/convencao-das-nacoes-unidas,* zuletzt geprüft am 21.03.2017

Ministério do Meio Ambiente: Apresentação. *http://www.mma.gov.br/o-ministerio/apresentacao,* zuletzt geprüft am 10.03.2017

Ministério do Meio Ambiente: MMA espera avanços nas discussões sobre Mudança do Clima em Cancún. *http://www.mma.gov.br/informma/item/6721-mma-espera-avancos-nas-discussoes-sobre-mudanca-do-clima-em-cancun,* zuletzt geprüft am 10.03.2017

Ministério de Minas e Energia: Histórico do Ministério de Minas e Energie. *http://www.mme.gov.br/web/guest/acesso-a-informacao/institucional/o-ministerio,* zuletzt geprüft am 10.03.2017

Netzer, Nina/ Gouverneur, Judith (Hrsg.) 2011: Zwischen Anspruch und Wirklichkeit: Internationale Perspektiven vor der Weltklimakonferenz in Durban. Berlin: Friedrich-Elbert-Stiftung.

Netzer, Nina 2012: Weltklimagipfel in Doha (COP 18): Ziele und Herausforderungen. *http://library.fes.de/pdf-files/iez/09449.pdf,* zuletzt geprüft am 13.03.2017

Never, Babette 2012: Macht in der globalen Klima-Governance (GIGA Focus Nr. 4/2012). Hamburg: GIGA Institut. *https://www.giga-hamburg.de/de/system/files/publications/gf_global_1204.pdf,* zuletzt geprüft am 20.03.2017

Nöbauer, Bernhard 2016: Globalpolitische Herausforderung Klimawandel: die Klimapolitik der europäischen Union im internationalen Kontext. Hamburg: Diplomica Verlag.

Olsson, Marie et al. 2010: Together Alone? Brazil, South Africa, India, China (BASIC) and the Climate Change Conundrum. Stockholm: Stockholm Enviroment Institute. *http://norden.diva-portal.org/smash/get/diva2:702841/FULLTEXT01.pdf,* zuletzt geprüft am 23.03.2017

Portal Brasil 2015: Brasil é o país que mais reduz emissões e tem proposta mais ambiciosa da COP, diz ministra. *http://www.brasil.gov.br/meio-ambiente/2015/11/brasil-e-o-pais-que-mais-reduz-emissoes-e-tem-proposta-mais-ambiciosa-da-cop-diz-ministra,* zuletzt geprüft am 25.03.2017

Pro Regenwald 2015: Let's work as if there is hope. Klimawandel und andere Schmerzen. *http://www.pro-regenwald.de/docs/nl44_low.pdf,* zuletzt geprüft am 31.03.2017

Rennkamp, Britta 2013: Außenpolitik und gesellschaftliche Entwicklung in Südafrika und Brasilien.
http://www.bpb.de/apuz/173805/aussenpolitik-und-gesellschaftliche-entwicklung-in-suedafrika-und-brasilien?p=all, zuletzt geprüft am 31.03.2017

República Federativa do Brasil 2015: Pretendida Contribuição Nacionalmente Determinada para Consecução do Objetivo da Convenção-Quadro das Nações Unidas sobre Mudança do Clima.
http://www.mma.gov.br/images/arquivos/clima/convencao/indc/BRASIL_iNDC_portugues.pdf, zuletzt geprüft am 15.03.2017

Sacha, Müller-Kraenner 2011: Umweltschutz von unten: Für mehr Handeln als Verhandeln.
https://zeitschrift-ip.dgap.org/de/article/getFullPDF/19186, zuletzt geprüft am 15.03.2017

Schulz, Karsten 2013: Klima und Entwicklung, in: Ihne, Harmut/Wilhelm, Jürgen (Hrsg.): Einführung in die Entwicklungspolitik. Berlin: Lit-Verlag, S. 126-152.

Teixeira, Izabella 2015: COP 21: a nova agenda do clima?
http://projetocolabora.com.br/clima/cop-21-a-nova-agenda-politica-de-clima/, zuletzt geprüft am 30.03.2017

Toni, Ana/ Mello, Fátima 2014: Von Warschau nach Lima. Die UN-Klimakonferenz 2014 aus lateinamerikanischer Sicht.
http://library.fes.de/pdf-files/iez/11033.pdf, zuletzt geprüft am 21.03.2017

UNFCCCa: Rahmenübereinkommen der Vereinten Nationen über Klimaänderungen.
http://unfccc.int/resource/docs/convkp/convger.pdf, zuletzt geprüft am 01.03.2017

UNFCCCb: Copenhagen Climate Change Conference – December 2009. *http://unfccc.int/meetings/copenhagen_dec_2009/meeting/6295.php*, zuletzt geprüft am 12.03.2017

UNFCCC 2009: Copenhagen Accord. FCCC/CP/2009/11/Add.1
http://unfccc.int/resource/docs/2009/cop15/eng/11a01.pdf, zuletzt geprüft am 31.03.2017

UNFCCC 2011: Fact sheet: The Kyoto Protocol.
https://unfccc.int/files/press/backgrounders/application/pdf/fact_sheet_the_kyoto_protocol.pdf, zuletzt geprüft am 31.03.2017

UNFCCC 2014: Intended Nationally Determined Contributions (INDCs).
http://unfccc.int/focus/indc_portal/items/8766.php, zuletzt geprüft am 23.03.2017

Verdélio, Andreia 2016: Desmatamento na Amazônia sobe 24% em 2015, mostram dados do Prodes/Inpe.
https://www.ecodebate.com.br/2016/10/06/desmatamento-na-amazonia-sobe-24-em-2015-mostram-dados-do-prodesinpe/, zuletzt geprüft am 30.03.2017